中学受験を成功させる
熊野孝哉の

「速さと比」

＋7題

入試で差がつく 45 題

改訂4版

熊野孝哉

── 改訂 4 版のためのまえがき＋本書の効果的な使用法 ──

　本書は 2011 年 6 月の発売以来、多くの中学受験生に愛用されてきました。本書の主旨については初版のまえがきで既に書いていますので、ここでは本書の効果的な使用例を紹介したいと思います。

$$* \qquad * \qquad * \qquad * \qquad *$$

【使用例 1：「中学への算数」の事前学習として使用する】

　難関校受験生の間では『中学への算数』（東京出版）の使用率が年々高くなっていますが、特に「速さと比」では苦戦する傾向があります。本書後半の「応用編」（3、4 章）、「補充問題」（5 章）では応用レベルの重要問題 27 題を選んでいますが、『中学への算数』では「日日の演習」の難易度 A に相当するものも多く、比較的取り組みやすくなっています。事前に本書後半を学習した上で『中学への算数』に取り組むことで、無理なく効率的な学習が期待できます。

【使用例 2：頻出問題の定番解法を最短距離で習得する】

　本書前半の「基本編」（1、2 章）では、基本・標準レベルの頻出問題 25 題を選んでいます。各問題では複数の解法を紹介していますが、使用目的を「頻出問題の定番解法を習得する」ことに限定すれば、問題番号に斜線の入っている解法（メインの解法）のみを理解していくという使用法が最も効率的です。

【使用例 3：解法の幅を広げる】

　算数の得意な受験生ほど、各問題について複数の解法を習得し、臨機応変に使い分ける（解法に幅がある）傾向があります。本書前半の「基本編」では各問題で複数の解法を紹介していますが、解法の幅を広げることを目的にするの

であれば、各問題についてメインの解法（問題番号に斜線の入っている解法）だけでなく、別解も同時に理解していくことが有効です。

【使用例4：難関校志望者が4年生で使用する】

　本書は、基本的には5年後期から6年前期での使用を想定していますが、「基本編」（1、2章）については、先取り学習を順調に進めている4年生がレベルアップの目的で使用することも可能です。

＊　　　＊　　　＊　　　＊　　　＊

　使用法は他にも考えられますが、ここでは代表的なものを紹介しました。お子様の状況に応じて、臨機応変に本書を活用していただけましたら、著者として嬉しく思います。

　2020年1月

熊野孝哉

　中学受験において最も合否を左右する科目は算数ですが、算数の中で最も重要な分野の1つが「速さと比」です。そういう意味でも「速さと比」の攻略は、中学受験生にとって避けて通れないことだと言えます。

「速さと比」を攻略するために、「基本編」では基本・標準レベルの頻出問題25題、「応用編」では応用・発展レベルの重要問題20題を選びました。

「基本編」を習得すれば、頻出パターンが一通り身につき、基本・標準レベルの入試問題が、かなり解きやすくなります。中堅校志望者は、ここまで学習すれば良いでしょう。

「応用編」を習得すれば、応用・発展レベルの入試問題を解くための感覚が身につきます。難関校、上位校志望者は、この20題を習得した上で「中学への算数」等の難問にも取り組み、さらに実力を高めていきましょう。

「速さと比」は、模試でも正解率が低くなる（解けない人が多い）傾向がありますが、原因の1つに「攻略するのに時間がかかる」ということがあります。他の分野に比べて、攻略するために多くの問題量をこなす必要があるのです。

　一方で、ある程度の時間をかけて攻略してしまえば、比較的「点の取りやすい」分野でもあります。つまり「速さと比」は満点も0点も多く、非常に得点差のつきやすい分野だと言えます。私は家庭教師では、受験戦略という意味からも「速さと比」には特に力を入れて指導しています。

　なお「応用編」の解説では、私の授業を再現する意味で、生徒に渡している「授業メモ」と同じ書き方（使用したペンも同じです）をしていますので、実際に授業を受けている感覚で読んでいただけると幸いです。

　最後になりますが、本書の執筆にあたって、イラストを描いてくれるなど、家庭教師をしている生徒や親御さんを中心に多くの方に協力していただきました。この場を借りて、お礼を申し上げたいと思います。

　2011年6月

熊野孝哉

　※ 今回を含む3回の改訂（2013年、2017年、2020年）において、難関校受験生が経験しておきたい問題を7題追加（5章「補充問題＋解説」）しました。余力のある受験生は、ぜひ挑戦してみてください。

　※ 2017年の改訂において、付録記事（「原因を特定する」「解法に幅を持たせる」の2本）を追加しました。特に「解法に幅を持たせる」では、本書の基本編で複数の解法を紹介した意味についても書いておりますので、興味のある方は御一読ください。

2章　基本編・解説　19

もくじ

3章 応用編・問題 137

問題 1 〜 20

4章 応用編・解説 145

問題の解説 1 〜 20

5章 補充問題＋解説 189

問題と解説 1 〜 7

付録記事 難関校合格を目指す受験生・保護者の方へ 208

◉「原因を特定する」

◉「解法に幅を持たせる」

1 章

基本編・問題

基本編の問題には難易度（Ａ：基本、Ｂ：標準、Ｃ：応用）をつけています。Ａは7題、Ｂは13題、Ｃは5題あります。中堅校を目指す人は、まずはＡ、Ｂの20題に取り組み、余力があればＣの問題にも挑戦してみましょう。難関校、上位校を目指す人はＣの問題まで取り組み、応用編にも挑戦してみましょう。

【1】 家から 1800 m 離れた学校へ行くのに、最初は毎分 60 m で歩き、途中から毎分 150 m で走ったところ、24 分かかりました。走った距離は何mですか。（速さのつるかめ算・A）

解答・解説は 20 ページにあります。

【2】 家を出発して学校へ行くのに、毎分 50 m で歩くと始業時刻に 3 分遅れますが、毎分 80 m で歩くと始業時刻より 6 分早く着きます。家から学校までの距離は何mですか。（速さの過不足算・A）

解答・解説は 26 ページにあります。

【3】 ある電車が 240 m の鉄橋を通過するのに 21 秒、720 m のトンネルを通過するのに 45 秒かかりました。この電車の長さを求めなさい。（通過の比較・A）

解答・解説は 32 ページにあります。

【4】 A 町と B 町を往復するのに、行きは毎分 60 m、帰りは毎分 40 m で歩きました。往復の平均の速さは毎分何mですか。（往復の平均速度・A）

解答・解説は 36 ページにあります。

【5】 長さ185mで毎時90kmの急行電車と、長さ155mの普通電車がすれちがい始めてからすれちがい終わるまでに8秒かかりました。普通電車の速さは毎時何kmですか。（電車のすれちがい・A）

解答・解説は40ページにあります。

【6】 船で24kmの川を往復するのに、上りは4時間、下りは2時間かかりました。下るときの川の流れの速さが上るときの2倍だったとすると、この船の静水時の速さは時速何kmですか。（流速の変化・A）

解答・解説44ページにあります。

【7】 静水時の速さが時速10kmの船が、川の2地点間を往復します。上りに6時間、下りに4時間かかるとすると、川の流れの速さは時速何kmですか。（流水算と比・A）

解答・解説48ページにあります。

【8】 A君とB君が池の周りを、同じ場所から同時に出発しました。2人が反対向きに歩くと4分ごとに出会い、同じ向きに歩くと24分ごとにA君がB君を追い越します。B君が池を1周するのにかかる時間は何分何秒ですか。（速さの和差算・B）

解答・解説は52ページにあります。

【9】 太郎君は 10 時 25 分に A 地点から B 地点に向かって、花子さんは 10 時 20 分に B 地点から A 地点に向かって、出発しました。太郎君は毎分 80 m、花子さんは毎分 60 m で歩いたところ、2 人は A B 間の中間地点で出会いました。A B 間の距離は何mですか。（速さの差集め算・B）

解答・解説は 56 ページにあります。

【10】 太郎君は A 地点を毎分 80 m で、花子さんは B 地点を毎分 60 m で、向かい合って同時に出発しました。2 人は A B 間の真ん中から 150 m 離れた地点で出会いました。A B 間の距離は何mですか。（速さの差集め算・B）

解答・解説は 62 ページにあります。

【11】 A は P 町から Q 町へ、B と C は Q 町から P 町へ向かって、同時に出発しました。A は毎分 100 m、B は毎分 80 m、C は毎分 60 m で歩きます。A は B とすれ違ってから、3 分後に C とすれ違いました。P Q 間の距離は何mですか。（3 人の旅人算・B）

解答・解説は 68 ページにあります。

【12】 A、B、C の 3 人が P 町から Q 町まで行きます。B は A より 5 分遅れて出発し、5 分後に A を追い越しました。C は B より 4 分遅れて出発し、6 分後に A を追い越しました。C が B を追い越すのは、C が出発してから何分後ですか。（出発時刻の差・B）

解答・解説は 74 ページにあります。

【13】　1周1200mの池の周りを、A君は左回りに毎分90m、B君は右回りに毎分150mで同時に走り始めました。2人がスタート地点で初めて出会うのは、出発してから何分後ですか。（スタート地点での出会い・B）

解答・解説は78ページにあります。

【14】　線路に沿った道を分速300mで走っている人がいます。この人は、15分間かくで運行している電車と12分おきにすれちがいます。電車の速さは時速何kmですか。（人と電車の出会い・B）

解答・解説は82ページにあります。

【15】　分速（　　）mの速さで弟が家から駅に向かって出発しました。その後、家にいた兄が弟の忘れものに気付き、追いかけることにしました。分速200mの速さで行くと4分で、分速120mの速さで行くと12分で、駅に行く途中の弟に追いつきます。（旅人算と比・B）

解答・解説は86ページにあります。

【16】　A町とB町は1.2km離れています。太郎君はA町からB町に、花子さんはB町からA町に向かって9時に出発し、1往復します。2人が初めて出会ったのは9時8分で、2回目に出会ったのはA町から480mの地点でした。太郎君の速さは毎分何mですか。（2回目の出会い・B）

解答・解説は92ページにあります。

【17】 長さ200mの普通電車がトンネルを通過するのに1分25秒かかります。また、長さ250mの特急電車が同じトンネルを通過するのに30秒かかります。特急電車の速さは普通電車の速さの3倍です。このとき、トンネルの長さは何mですか。（通過の比較・B）

解答・解説は98ページにあります。

【18】 ある電車が長さ600mの鉄橋を通過するのに32秒かかります。また、長さ1400mのトンネルを通過するとき、電車がトンネルに完全にかくれている時間は48秒です。この電車の速さは時速何kmですか。（トンネルにかくれている時間・B）

解答・解説は102ページにあります。

【19】船P、Qが川の2地点間を往復します。船Pは上りに48分、下りに40分かかります。また、船Qは上りに80分かかります。このとき、船Qは下りに何分かかりますか。（流水算と比・B）

解答・解説は106ページにあります。

【20】 10時と11時の間で、時計の長針と短針のなす角が直角になる時刻を求めなさい。（直角になる時刻・B）

解答・解説は110ページにあります。

【21】 池の周りをA君とBさんが、同じ地点から同時に同じ向きに、それぞれ一定の速さで歩き始めました。A君がちょうど2周したとき、Bさんは2周まであと30mの地点にいました。また、Bさんがちょうど3周したとき、A君は3周とさらに48m進んでいました。この池の1周は何mですか。（距離の差・C）

解答・解説は114ページにあります。

【22】 上りと下りの電車が平行して走っている電車の線路ぞいに道路があります。この道路を自転車に乗って時速12kmの速さで走っている人は、5分ごとに上りの電車に出会い、7分ごとに下りの電車に追いこされます。この電車の速さは時速何kmですか。（人と電車の出会いと追いこし・C）

解答・解説は118ページにあります。

【23】 9時と10時の間で、時計の長針と短針が12の目盛りをはさんで左右対称の位置になるのは、9時何分ですか。（線対称になる時刻・C）

解答・解説は122ページにあります。

【24】 A地点から峠を越えてB地点まで往復したところ、行きに5時間、帰りに5時間30分かかりました。坂を上るときは時速3km、下るときは時速6kmで進みます。A地点から峠までの道のりは何kmですか。（峠の往復・C）

解答・解説は126ページにあります。

【25】 兄が2歩であるく距離を弟は3歩であるきます。また、兄が5歩あるく間に弟は6歩あるきます。いま、弟が60歩あるいたとき、兄が追いかけると兄は何歩で追いつきますか。（歩幅と歩数・C）

解答・解説は 132 ページにあります。

2 章

基本編・解説

基本編の解説では、1つの問題につき2通り以上の解法を紹介しています。まずは問題番号に斜線の入っている解法（例えば【1】は解法1、2）を理解して、余力があれば残りの解法も参考にしていきましょう。

1 の問題は 12 ページにあります。

▨ 解法1
「つるかめ算」で解く

歩 60 ㎡/分 ⎫ 24分
走 150 ㎡/分 ⎬ 1800 m

60 × 24 = 1440 (m) ‥‥ 24分歩いて進むきょり

1800 − 1440 = 360 (m) ‥‥ あと360m 足りない

150 − 60 = 90 (m) ‥‥ 歩くのをやめて走ると
　　　　　　　　　　　　　　1分あたり 90m 多く進める

360 ÷ 90 = 4 (分) ‥‥ 360m 伸ばすには
　　　　　　　　　　　　　　4分 走ればよい

よって、走ったきょりは　150 × 4 = <u>600 (m)</u>

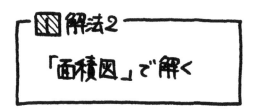

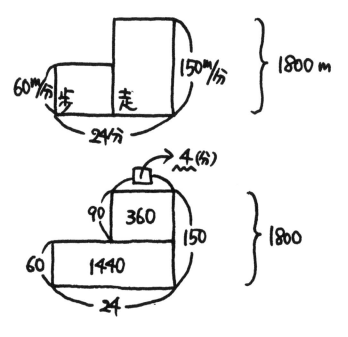

よって、走ったきょりは 150×4 ＝ 600 (m)

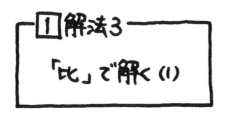

① 解法3

「比」で解く(1)

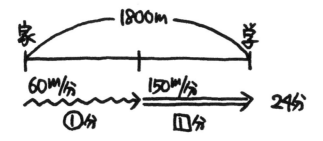

時間の合計 = 24分

→ ① + Ⅰ = 24 ・・・ (ア)

きょりの合計 = 1800 m

→ 60×① + 150×Ⅰ = 1800

→ ⑥⓪ + 150 = 1800

→ ② + ⑤ = 60 ・・・ (イ)

(ア)×2　　②＋②＝48 ・・・(ア)′

(ア)′(イ)より　③＝12 → ①＝4

よって, 走ったきょりは, 150×4 = <u>600 (m)</u>

※ 歩いた時間＝①分, 走った時間＝24-①分
　 とおいて 求めることもできます。

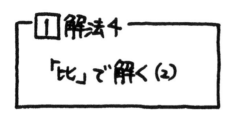

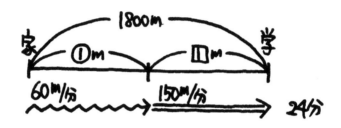

きょりの合計 = 1800 m

→ ① + Ⅱ = 1800 ···(ア)

時間の合計 = 24分

→ ① ÷ 60 + Ⅱ ÷ 150 = 24

→ $\frac{①}{60}$ + $\frac{Ⅱ}{150}$ = 24

→ ⑤ + ② = 7200 ···(イ)

(ア)×5　⑤ + ⑤ = 9000 … (ア)´

(ア)´(イ) より　③ = 1800 → ① = 600

よって, 走ったきょりは　<u>600(m)</u>//

※ 歩いたきょり = ①m, 走ったきょり = 1800-①m
　とおいて求めることもできます。

※ 歩いたきょり = ⑥⓪m, 走ったきょり = 150 m と
　おくと, 計算が楽になります。

2 の問題は 12 ページにあります。

図解法1
「過不足算」で解く

50m/分で始業時刻まで歩くと

$50 × 3 = 150$(m) ・・・ 150m 足りない

80m/分で始業時刻まで歩くと

$80 × 6 = 480$(m) ・・・ 480m 余る

$150 + 480 = 630$(m) ・・・ 始業時刻までの差

$80 - 50 = 30$(m) ・・・ 1分あたりの差

$630 ÷ 30 = 21$(分) ・・・ 始業時刻までの時間

よって、家から学校までのきょりは、

$$50 × (21 + 3) = 1200(m)$$

歩く速さ　　歩いた時間
(m/分)　　　　(分)

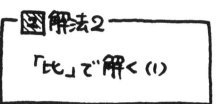

速さの比は　50：80 ＝ 5：8
→ 時間の比は　8：5

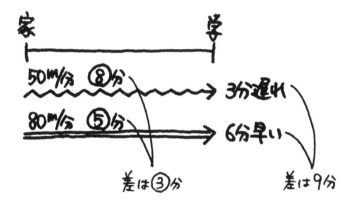

③ = 9 → ① = 3 → ⑧ = 24

よって、家から学校までのきょりは、
50 × 24 ＝ 1200（m）

「比」で解く(2)

始業時刻までの時間 = ①分

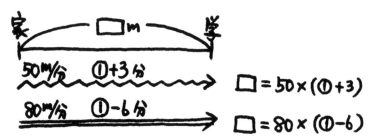

家　　□m　　学

50m/分　①+3分　→　□ = 50 × (①+3)

80m/分　①-6分　→　□ = 80 × (①-6)

$50 × (①+3) = 80 × (①-6)$

$→ 50 × ① + 50 × 3 = 80 × ① - 80 × 6$

$→ ㊿ + 150 = ⑧⓪ - 480$

$→ ㉚ = 630　→ ① = 21$

$□ = 50 × (21+3) = \underline{1200 (m)}$

2 解法4
「比」で解く(3)

①mとおいてもよいが
400m (50ᵐ/分, 80ᵐ/分
の最小公倍数)にすと
計算が楽になる。

学校までのきょり = 400 m

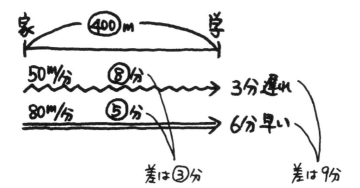

差は③分   差は9分

③ = 9 → ① = 3

400 = 1200 (m)

② 解法5
「面積図」で解く

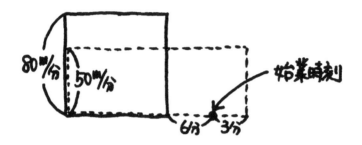

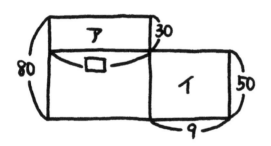

アとイの面積は等しいので,

$30 × □ = 50 × 9 → □ = 15$

80ᵐ/分で歩いた時間(分)

学校までのきょり $= 80 × 15 = 1200 (m)$

┌─ 2 解法6 ─────────┐
│   │
│ 「試行錯誤」で解く   │
│   │
└──────────────────────┘

試しに, 学校までのきょり = 400 m とすると,

時間の差 = $\underbrace{400 \div 50}_{50^m/分でかかる時間}$ － $\underbrace{400 \div 80}_{80^m/分でかかる時間}$ = 3(分)

実際は, 時間の差 = 3 + 6 = 9(分)

きょり = 400 m → 差 = 3分 ⎤
                              ⎥ 3倍
きょり = □ m → 差 = 9分 ⎦←

よって, □ = 400 × 3 = 1200 (m)

3 の問題は 12 ページにあります。

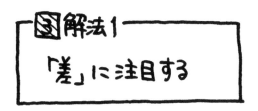

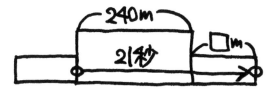

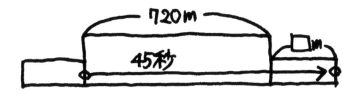

時間の差は　45−21 ＝ 24（秒）
きょりの差は　720 − 240 ＝ 480（m）

24秒で480m 進むので、
電車の速さは　480 ÷ 24 ＝ 20（m/秒）

21秒で進むきょりは、$20 \times 21 = 420$(m)

→ $240 + \Box = 420$

$\Box = 420 - 240 = \underline{180}$(m)

こういうことなのです。

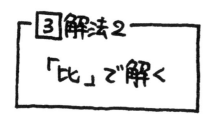

電車の長さ＝☐m, 速さ＝①m/秒とする。

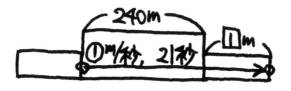

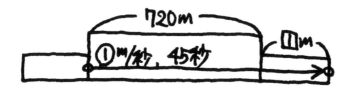

きょりに注目すると,

240 ＋ ☐ ＝ ① × 21 ＝ ㉑

720 ＋ ☐ ＝ ① × 45 ＝ ㊺

差に注目すると，

$$\textcircled{24} = 480 \rightarrow \textcircled{1} = 20$$

$$240 + \boxed{1} = \textcircled{21} = 420$$

$$\rightarrow \boxed{1} = 420 - 240 = \underline{180\,(m)}$$

4 の問題は 12 ページにあります。

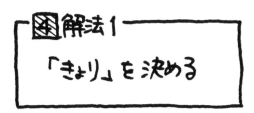

きょり = 120 m とする。

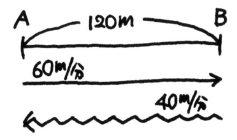

行きの時間 = 120 ÷ 60 = 2 (分)

帰りの時間 = 120 ÷ 40 = 3 (分)

→ 往復の時間 = 2 + 3 = 5 (分)

往復のきょり = 120 × 2 = 240 (m)

よって、往復の平均の速さは.

$240 \div 5 = \underline{48}$ (m/分)

※ きょりが変わっても 往復の平均の
　速さは変わらないので、きょりは自由に
　決めることができます。

※ ここでは 計算しやすいように、速さ
　(60m/分, 40m/分) の 最小公倍数 を
　きょりにしました。

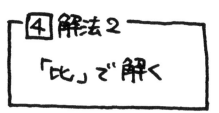

④ 解法2 「比」で解く

きょり＝①m とする。

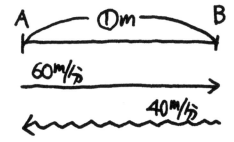

行きの時間 ＝ ① ÷ 60 ＝ $\left(\dfrac{1}{60}\right)$ 分

帰りの時間 ＝ ① ÷ 40 ＝ $\left(\dfrac{1}{40}\right)$ 分

→ 往復の時間 ＝ $\left(\dfrac{1}{60}\right)$ ＋ $\left(\dfrac{1}{40}\right)$ ＝ $\left(\dfrac{1}{24}\right)$ 分

往復のきょり ＝ ① ×2 ＝ ②m

よって, 往復の平均の速さは,

② ÷ $\frac{1}{24}$ ＝ 48(m/分)

5 の問題は 13 ページにあります。

図 解法1

「公式」で解く

普通電車の速さ＝□ m/秒 とする。

$$\text{すれちがいにかかる時間} = \text{電車の長さの和} \div \text{電車の速さの和}$$

より、

$$8(秒) = (185 + 155)m \div (25 + □)\,m/秒$$

$$\rightarrow \quad 25 + □ = 340 \div 8 = 42.5$$

$$\rightarrow \quad □ = \underline{17.5\,(m/秒)}$$

よって、 $17.5 \times 3.6 = \underline{63\,(km/時)}$

※ 90(km/h) = 25(m/秒)

※ 秒速(m/秒) $\xrightarrow{\times 3.6}$ 時速(km/h)
　　　　　　　$\xleftarrow{\div 3.6}$

ど、どうも…

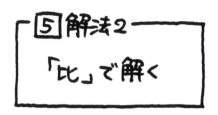

普通電車の速さ＝ ① m/秒 とする。

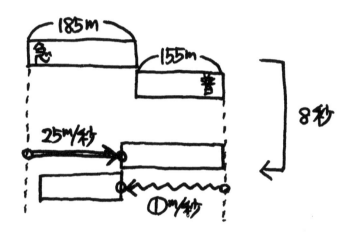

急行電車の進んだきょり
= 25 × 8 = 200 (m)

普通電車の進んだきょり
= ① × 8 = ⑧ m

$200 + ⑧ = 185 + 155$

$→ ⑧ = 140 → ① = 17.5$ (m/秒)

よって、$17.5 × 3.6 = 63$ (km/h)

6 の問題は 13 ページにあります。

図 解法1
「線分図」で解く

上りの速さ = 24 ÷ 4 = 6 (km/h)
下りの速さ = 24 ÷ 2 = 12 (km/h)

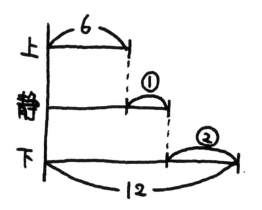

① + ② = 12 - 6

→ ③ = 6 → ① = 2

静水時の速さ
$$= 6 + \underset{①}{2} = \underline{8 \, (\mathrm{km/h})}$$

ヤッホー

6 解法2
「比」で解く

静水時の速さ ＝ □ (km/h)
上るときの流れの速さ ＝ ① (km/h)
下るときの流れの速さ ＝ ② (km/h)　とする。

上りの速さ ＝ □ － ① (km/h)

→ (□ － ①) km/h × 4(h) ＝ 24(km)…(1)

下りの速さ ＝ □ ＋ ② (km/h)

→ (□ ＋ ②) km/h × 2(h) ＝ 24(km)…(2)

(1)より　$\boxed{1} - \textcircled{1} = 6$

(2)より　$\boxed{1} + \textcircled{2} = 12$

$\rightarrow \textcircled{1} = 2,\ \boxed{1} = 8$

よって，静水時の速さは　8 (km/h)

7 の問題は 13 ページにあります。

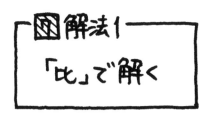

時間の比は、上：下 ＝ 6：4 ＝ 3：2
→ 速さの比は 2：3

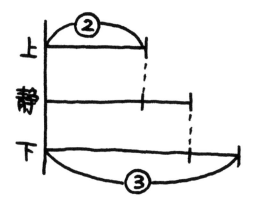

静水時の速さ ＝ （②＋③）÷ 2

＝ 2.5 km/h

よって、②.⑤ = 10 → ① = 4

上りの速さ = ② = 8 (km/h)

→ 流れの速さ = 10 − 8 = 2 (km/h)

水兵さんです

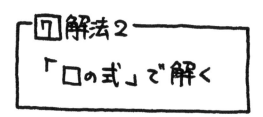

⑦ 解法2
「□の式」で解く

流れの速さ ＝ □ km/h とする。

上りの速さ ＝ 10－□ (km/h)

→ きょり ＝ (10－□) km/h × 6 (h) ・・・ (1)

下りの速さ ＝ 10＋□ (km/h)

→ きょり ＝ (10＋□) km/h × 4 (h) ・・・ (2)

(1)(2)より

$(10-\square)\times 6 = (10+\square)\times 4$

$\rightarrow 10\times 6 - \square\times 6 = 10\times 4 + \square\times 4$

$\rightarrow 60 - \square\times 6 = 40 + \square\times 4$ $\Big\}$ ※

$\rightarrow \square\times 10 = 20$

$\rightarrow \square = 2$

よって、流れの速さは <u>2(km/h)</u>

※

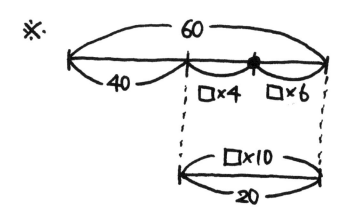

8 の問題は 13 ページにあります。

図解法1
「きょり」を決める

1周の きょり ＝ 24(m) とする。

反対向きだと 4分で 出会う
→ 速さの和 (A＋B) ＝ 24÷4 ＝ 6(m/分)

同じ向きだと 24分で 追いつく
→ 速さの差 (A－B) ＝ 24÷24 ＝ 1(m/分)

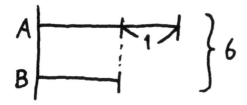

Bの速さ = (6−1)÷2 = 2.5 (m/分)

よって、Bが1周するのにかかる時間は
24÷2.5 = 9.6 (分) = 9分36秒

8 解法2

「比」で解く

反対向きだと 4分で出会う

→ <u>1周のきょり ÷ 速さの和 = 4(分)</u> …(1)

同じ向きだと 24分で追いつく

→ <u>1周のきょり ÷ 速さの差 = 24(分)</u> …(2)

(1)(2)より

速さの和 : 速さの差 = 24 : 4 = 6 : 1

→ A : B = (6+1)÷2 : (6−1)÷2

= 3.5 : 2.5

= <u>7 : 5</u>

Aの速さ＝⑦m/分， Bの速さ＝⑤m/分

→ 1周のきょり ÷（⑦＋⑤）＝4

→ 1周のきょり ＝ ㊽m

よって， Bが1周するのにかかる時間は

㊽ ÷ ⑤ ＝ 9.6(分) ＝ 9分36秒

9 の問題は 14 ページにあります。

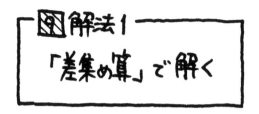

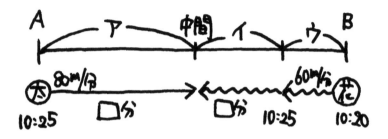

ウ = 60 (m/分) × 5 (分) = 300 (m)

ア = イ + ウ
→ ア, イ の差は 300 (m)

太郎と花子が 1分間に進むきょりの差は

80 - 60 = 20(m)

よって. □ = 300 ÷ 20 = 15(分)

ア = 80(m/分) × 15(分) = 1200(m)

→ ABのきょり = 1200 × 2 = 2400(m)

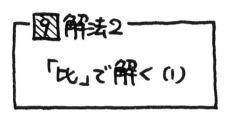

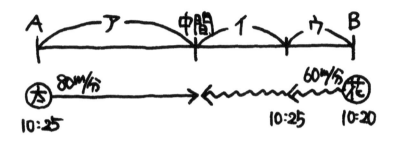

ウ = 60(m/分) × 5(分) = 300(m)

太郎と花子が同じ時間に進むきょり
の比は、80(m/分) : 60(m/分) = 4 : 3
→ ア : イ = 4 : 3

問題9（速さの差集め算・B）

ア＝④m，イ＝③mとすると，

④ ＝③＋300 → ①＝300

ABのきょり＝⑧ ＝ 2400 (m)

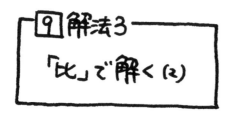

9 解法3
「比」で解く(2)

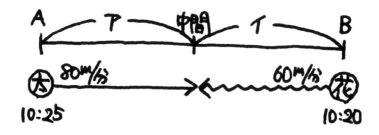

速さの比は, 太郎：花子 = 80:60 = 4:3
→ 時間の比は 3:4

太郎が アにかかった時間 = ③分,
花子が イにかかった時間 = ④分 とすると,

④ - ③ = 5 → ① = 5

太郎は 80ᵐ/分 で ③ =15分 かかった

→ ア = 80 × 15 = 1200 (m)

よって、ABのきょり = 1200×2 = 2400 (m)

10 の問題は 14 ページにあります。

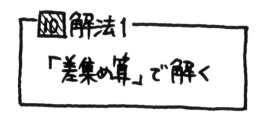

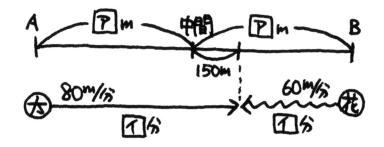

太郎が進んだきょり ＝ ⑦＋150 (m)

花子が進んだきょり ＝ ⑦－150 (m)

→ 差は300 (m)

1分間に2人が進むきょりの差は 20 (m)

よって. ⑦ ＝ 300 ÷ 20 ＝ 15 (分)

ABのきょり
$= (80+60)^{m}/_{分} \times 15(分)$
$= \underline{2100 (m)}$

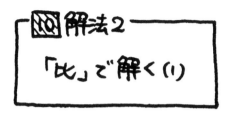
解法2

「比」で解く(1)

2人が進んだきょりの比は.

太郎：花子 ＝ 80(m/分)：60(m/分)

　　　　＝ 4：3

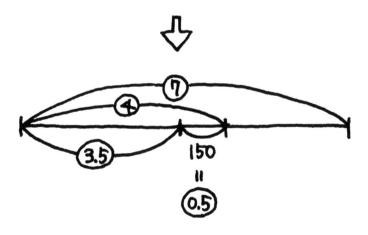

$$\text{⓪⑤} = 150 \rightarrow \text{①} = 300$$

$$\text{ABのきょり} = \text{⑦} = 2100(m)$$

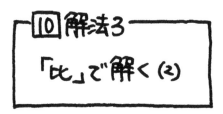

2人が歩いた時間＝①分とする。

太郎が進んだきょり ＝ 80(m/分) × ①分
　　　　　　　　　 ＝ ⑧⓪ m

花子が進んだきょり ＝ 60(m/分) × ①分
　　　　　　　　　 ＝ ⑥⓪ m

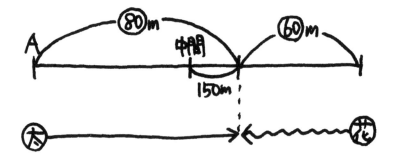

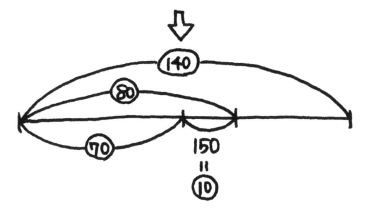

⑩ = 150 → ① = 15

ABのきょり = ⑭⓪ = 2100 (m)

11 の問題は 14 ページにあります。

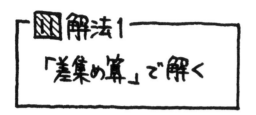

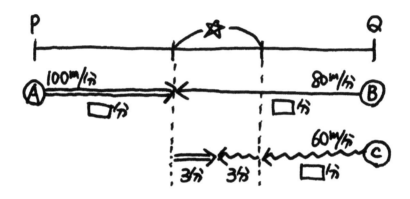

$$☆ = (100 + 60)\text{m/分} × 3(分) = 480(\text{m})$$

→ B, C が □分に進むきょりの差は 480(m)

1分間にB, Cが進むきょりの差は 20(m)

よって、□ = 480 ÷ 20 = 24(分)

PQのきょり
= (100+80)ᵐ/分 × 24(分)
= 4320(m)

もくもぐ

早弁中…

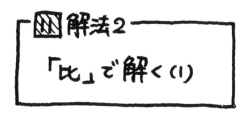

同じ時間に3人が進むきょりの比は.

A：B：C = 100(ᵐ/分)：80(ᵐ/分)：60(ᵐ/分)

= 5：4：3

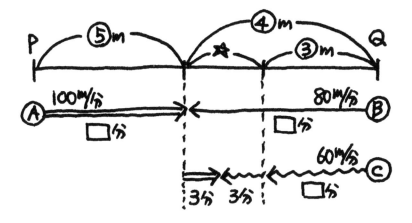

☆ = (100＋60)ᵐ/分 × 3(分) = 480(m)

よって、④-③ = 480 → ① = 480

PQのきょり = ⑨ = 4320 (m)

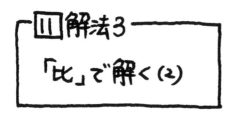

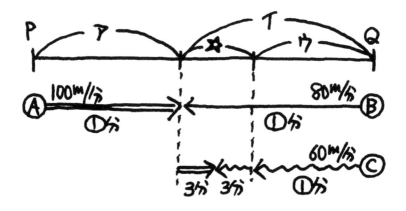

☆ $= (100+60)\text{m/分} \times 3(分) = 480(\text{m})$

ア $= 100(\text{m/分}) \times ①分 = ⑩⓪\text{m}$

イ $= ⑧⓪\text{m}$ ， ウ $= ⑥⓪\text{m}$

$$⑧⓪ - ⑥⓪ = 480 → ① = 24$$

$$PQ のきょり = ⑱⓪ = \underline{4320 (m)}$$

12の問題は 14 ページにあります。

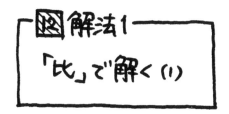

図解法1
「比」で解く (1)

Ⓐ 5分 → 5分 → 10分

Ⓑ 5分 → 5分

時間の比は, A:B = 10:5 = 2:1

Ⓐ 5+4=9分 → 6分 → 15分

Ⓒ 6分 → 6分

時間の比は, A:C = 15:6 = 5:2

```
  A    B    C
  2    1
  5         2
─────────────────
10 :  5 :  4  ⟶ B:C=5:4
              ~~~~~~~~~~~~~~~
```

Ⓑ ─4分→ ┌──□分──→ ⑤分

Ⓒ ═══□分═══→ ④分

⑤−④ = 4 → ①=4
                ~~~~~~~

よって. □ = ④ = 16(分後)
                    ─────────

12 解法2

「比」で解く(2)

3人の速さを A, B, C (m/分) とする。

A (m/分) × (5+5)分 = B (m/分) × 5
→ A : B = 1 : 2

A (m/分) × (5+4+6)分 = C (m/分) × 6
→ A : C = 2 : 5

A	B	C
1	2	
2		5

2 : 4 : 5 → B : C = 4 : 5

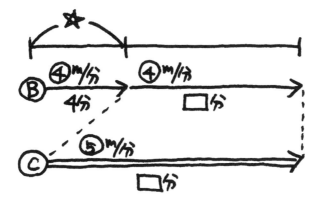

$$\text{☆} = \text{④} \times 4 = \text{⑯ m}$$

よって、$\square = \text{⑯} \div (\text{⑤} - \text{④})$

$\quad = \underline{\underline{16 (分後)}}$

13 の問題は 15 ページにあります。

図解法1
「時間の最小公倍数」で解く

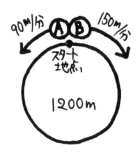

$$1200 \div (90 + 150) = 5$$

1周のきょり　　速さの和

$$\rightarrow \text{A, B は 5分ごとに出会う} \quad (ア)$$

$$1200 \div \underset{\text{Bの速さ}}{150} = 8$$

$$\rightarrow \text{B は 8分ごとに スタート地点を通る} \quad (イ)$$

2人がスタート地点で出会うのは.
(ア)と(イ)が重なるとき

→ 2人が初めてスタート地点で出会うのは.
　　5, 8(分)の最小公倍数 = 40(分後)

別解

$1200 \div \underset{Aの速さ}{90} = \dfrac{40}{3}$

→ Aは $\dfrac{40}{3}$ 分ごとにスタート地点を通る (ウ)

2人が初めてスタート地点で出会うのは.
(イ)と(ウ)が初めて重なるとき
→ 8, $\dfrac{40}{3}$(分)の最小公倍数 = 40(分後)

「きょりの最小公倍数」で解く

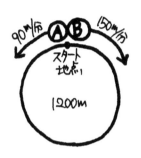
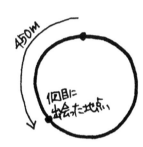

$1200 \div (90 + 150) = 5$

→ A、B は 5分ごとに 出会う

→ 2人が 出会う地点は、左回りに
$90 \times 5 = 450$(m) ずつ 移動する　(ア)

┌─────────────┐
│ Aが5分間に │
│ 進むきょり │
└─────────────┘

1周 = 1200 (m)

→ 1200 (m) 進むごとに スタート地点を通る ～～～～～～～～～～～～～～～～～～(イ)

2人がスタート地点で出会うのは.
(ア)と(イ)が重なるとき

→ 2人が初めてスタート地点で出会うのは.
450, 1200(m) の最小公倍数 ＝ 3600(m)
Aが進んだとき

→ 2人が初めてスタート地点で出会うのは.
3600 ÷ 90 ＝ 40(分後)
　　　　　Aの速さ

14 の問題は 15 ページにあります。

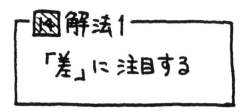

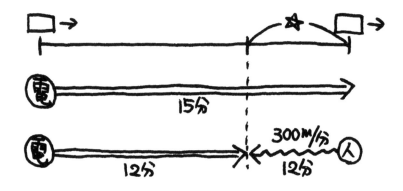

$$☆ = 300 × 12 = 3600 \text{(m)}$$

$$電車の速さ = 3600 \text{(m)} ÷ (15-12) 分$$
$$= 1200 \text{(m/分)}$$
$$= 72 \text{(km/h)}$$

┌─ 図解法2 ─────────┐
│ 「比」で解く(1)   │
└────────────────┘

解法1の図で、☆にかかる時間は、
電車は 15-12 ＝ 3(分)、人は 12(分)

よって、時間の比は、電：人 ＝ 1：4
→ 速さの比は 4：1

電車の速さ ＝ 300(m/分)×4
　　　　　 ＝ 1200 (m/分)
　　　　　 ＝ 72 (km/時)

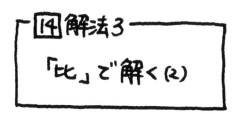

14 解法3
「比」で解く(2)

電車の速さ = ①m/分 とする。

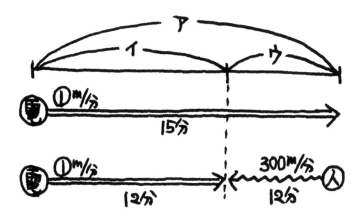

$ア = ① × 15 = ⑮ m$

$イ = ① × 12 = ⑫ m$

$ウ = 300 × 12 = 3600 (m)$

$$⑮ = ⑬ + 3600 \rightarrow ① = 1200$$

$$電車の速さ = 1200(m/分) = 72(km/h)$$

15 の問題は 15 ページにあります。

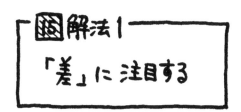

兄 = 200ᵐ/分 → 4分で追いつく

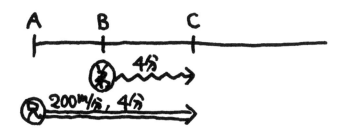

兄 = 120ᵐ/分 → 12分で追いつく

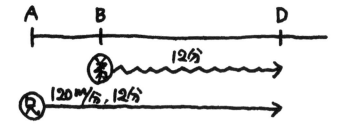

$AC = 200 \times 4 = 800 \text{(m)}$

$AD = 120 \times 12 = 1440 \text{(m)}$

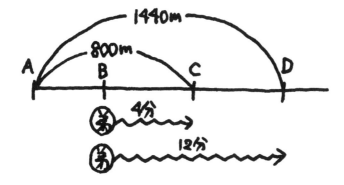

→ 弟は　12−4 = 8分で

　　1440 − 800 = 640m 進む

よって, 弟の速さは, 640 ÷ 8 = 80 (m/分)

15 解法2

「公式」で解く

弟の速さ＝ $\square$ m/分 とする。

$$\boxed{\begin{array}{ccccc} \text{追いつくのに} \\ \text{かかる時間} \end{array} = \begin{array}{c} \text{はじめの} \\ \text{2人のきょり} \end{array} \div \begin{array}{c} \text{2人の} \\ \text{速さの差} \end{array}}$$ より、

兄＝200m/分 だと4分で追いつく

→ 4 ＝ $\begin{array}{c}\text{はじめの}\\\text{2人のきょり}\end{array}$ ÷ $(200 - \square)$ ・・・(1)

兄＝120m/分 だと12分で追いつく

→ 12 ＝ $\begin{array}{c}\text{はじめの}\\\text{2人のきょり}\end{array}$ ÷ $(120 - \square)$ ・・・(2)

問題15（旅人算と比・B）

(1)(2)より、

$(200-\square):(120-\square) = 12:4 = 3:1$

→ $(120-\square) \times 3 = (200-\square) \times 1$

→ $360 - \square \times 3 = 200 - \square$

→ $\square \times 2 = 160$

→ $\square = 80$

よって、舟の速さ = $\underline{80 (\text{m/分})}$

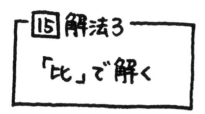

弟の速さ＝①m/分 とする。

兄＝200m/分 → 4分で追いつく

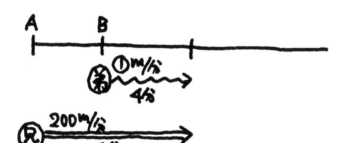

AB ＝ 200×4 － ①×4

 ＝ 800 － ④ ・・・⑴

兄 = 120^m/分 → 12分で追いつく

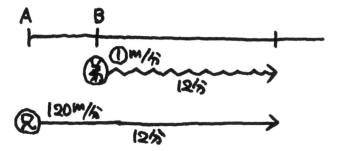

AB = 120 × 12 − ①×12
   = 1440 − ⑫   · · · (2)

(1)(2)より
800 − ④ = 1440 − ⑫   → ① = 80

よって、弟の速さ = 80(m/分)

16の問題は15ページにあります。

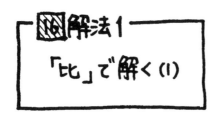

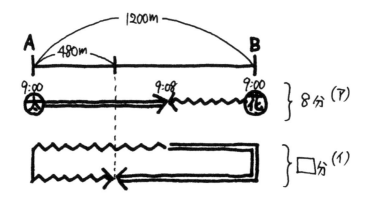

2人が進んだきょりの和は、(ア):(イ) = 1:2

→ かかった時間の比も 1:2

→ 8:□ = 1:2

→ □ = 16 (分)

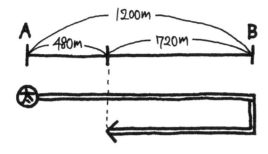

太郎が進んだきょり ＝ 1200 ＋ 720 ＝ 1920 (m)

かかった時間 ＝ 8 ＋ 16 ＝ 24 (分)

→ 太郎の速さ ＝ 1920 ÷ 24 ＝ <u>80 m/分</u>

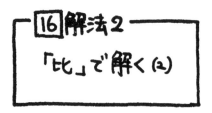

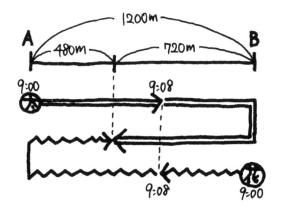

2人が2回目に出会うまでに、

太郎が進んだきょり = 1200 + 720 = 1920 (m)

花子　　 〃　　　　 = 1200 + 480 = 1680 (m)

→ 2人の速さの比は、1920 : 1680 = 8 : 7

2人が1回目に出会うまでに、
2人が進んだきょりの和 = 1200 (m)
かかった時間 = 8 (分)

→ 2人の速さの和 = 1200 ÷ 8 = 150 (m/分)

太郎の速さ = $150 \times \dfrac{8}{8+7}$ = $\underline{80}$ m/分

イメチェン

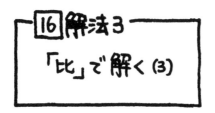

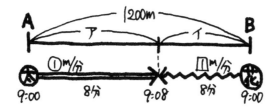

$$\mathcal{P} = ① \times 8 = ⑧ \,_{(m)}$$

$$\mathcal{A} = ① \times 8 = ⑧ \,_{(m)}$$

$$\longrightarrow ⑧ + ⑧ = 1200 \,_{(m)}$$

$$\longrightarrow ① + ① = 150$$

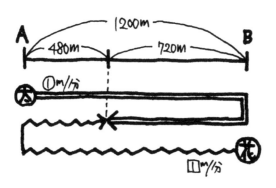

2人が2回目に出会うまでに,

太郎が進んだきょり = 1200 + 720 = 1920 (m)

花子　　〃　　　 = 1200 + 480 = 1680 (m)

$$\longrightarrow \quad \frac{1920}{①} = \frac{1680}{□} \ (分)$$

太郎が1920m　　花子が1680m
進むのにかかった　進むのにかかった
　　　時間　　　　　　時間

$$\longrightarrow \quad ① : □ = 8 : 7$$

$$太郎の速さ = ① = 150 \times \frac{8}{8+7} = \underline{80 \ m/分}$$

17の問題は 16 ページにあります。

図解法1

「差」に注目する

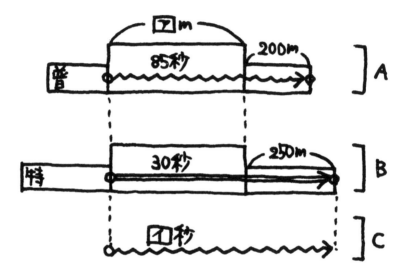

速さの比は、普：特 = 1：3

→ 時間の比は 3：1

→ イ = 30×3 = 90（秒）

AとCを比較すると，
時間の差は　90−85＝5(秒)
きょりの差は　250−200＝50(m)

5秒で50m進むので，
普通電車の速さは　50÷5＝10(m/秒)

85秒で進むきょりは　10×85＝850(m)
→　ア＋200＝850

よって，トンネルの長さ＝ア＝650(m)

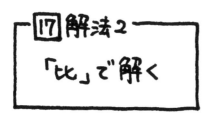

トンネルの長さ = [1]m,
普通電車の速さ = ①㍍/秒,
特急電車の速さ = ③㍍/秒 とする。

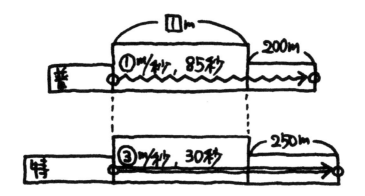

きょりに注目すると,

[1] + 200 = ① × 85 = ⑧⑤

[1] + 250 = ① × 90 = ⑨⓪

差に注目すると，

⑤ = 50 → ① = 10

①＋200 = ㉝ = 850

→ ① = 850 － 200 = 650(m)

18 の問題は 16 ページにあります。

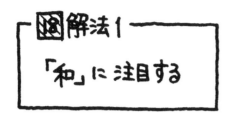

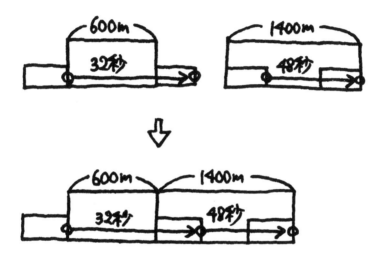

時間の和は，32 ＋ 48 ＝ 80 (秒)

きょりの和は，600 ＋ 1400 ＝ 2000 (m)

問題18（トンネルにかくれている時間・Ｂ）

80秒で 2000m 進むので,
電車の速さは　2000÷80 = 25(m/秒)
　　　　　　　　　　 = <u>90 (km/h)</u>

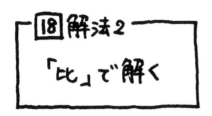

18 解法2

「比」で解く

電車の長さ＝①m, 電車の速さ＝①m/秒 とする。

32秒で進むきょり ＝ ① × 32 ＝ ㉜ m

→ 600 ＋ ① ＝ ㉜ ・・・ (1)

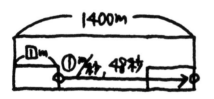

48秒で進むきょり ＝ ① × 48 ＝ ㊽ m

→ 1400 ＝ ① ＋ ㊽ ・・・ (2)

(1) より　$\boxed{1} = ㉜ - 600 \cdots (1)'$

(1)'(2) より　$1400 = ㉜ - 600 + ㊽$

$\underbrace{}_{\boxed{1}}$

$\rightarrow \underline{\textcircled{1} = 25}$

よって, 電車の速さ $= 25(^m/_秒) = \underline{90(km/h)}$

19 の問題は 16 ページにあります。

19 解法1

「きょり」を 決める

きょり = 240 (m) とする。

P の上りの速さ = 240 ÷ 48 = 5 (m/分)

P の下りの速さ = 240 ÷ 40 = 6 (m/分)

→ 流れの速さ = (6 - 5) ÷ 2 = <u>0.5 (m/分)</u>

Q の上りの速さ = 240 ÷ 80 = 3 (m/分)

→ Q の下りの速さ = 3 + 0.5 × 2 = <u>4 (m/分)</u>

よて、Q が下りにかかる時間は、

240 (m) ÷ 4 (m/分) = <u>60 (分)</u>

※ 計算しやすいように，時間（48，40，80分）の最小公倍数 = 240 をきょりにしています。

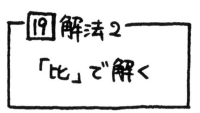

時間の比は、 P(上り)：P(下り)：Q(上り)

$$= 48 : 40 : 80$$

$$= 6 : 5 : 10$$

→速さの比は $\dfrac{1}{6} : \dfrac{1}{5} : \dfrac{1}{10}$

$$= \dfrac{5}{30} : \dfrac{6}{30} : \dfrac{3}{30}$$

$$= \underline{5 : 6 : 3}$$

P(上り), P(下り), Q(上り) の速さを
⑤, ⑥, ③ (m/分) とすると,

P(上り) = ⑤ ⎤
                ⎬ +①
P(下り) = ⑥ ⎦

Q(上り) = ③ ⎤
                ⎬ +①
Q(下り) = ⑦ ⎦
        ↓
        ④
       ~~~

きょり = ⑤(ᵐ/分) × 48(分) = ㉔⓪ m
         $\underbrace{\qquad\qquad}$
           P(上り)の速さ

よって、Qが下りにかかる時間は、

㉔⓪ m ÷ ④ ᵐ/分 = 60(分)

20の問題は 16 ページにあります。

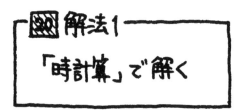

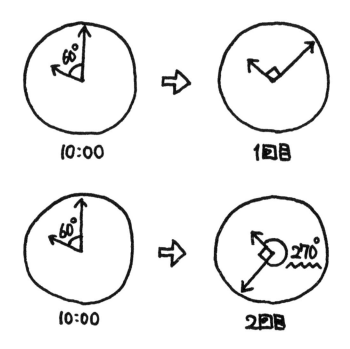

1回目は，両針の差が 90−60 ＝30° 拡大

→ 30 ÷ (6−0.5) ＝ 30 × $\frac{2}{11}$

　　　　$\underbrace{}_{1分あたり}$

　　　　　　　　　　 ＝ 5 $\frac{5}{11}$ (分)

2回目は，両針の差が 270−60 ＝210° 拡大

→ 210 ÷ (6−0.5) ＝ 210 × $\frac{2}{11}$

　　　　　　　　　　 ＝ 38 $\frac{2}{11}$ (分)

よって，10時5$\frac{5}{11}$分 と 10時38$\frac{2}{11}$分

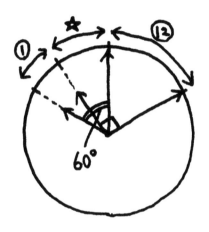

速さの比は、長針：短針 = 6：0.5 = 12：1

→ 進んだ角度を⑫、①度とする

☆ = 60 − ①

→ 60 − ① + ⑫ = 90° → ① = $\frac{30}{11}$（度）

$\frac{30}{11}$（度）÷ 0.5（度/分）= 5$\frac{5}{11}$（分） ‥‥ 1回目

短針の速さ

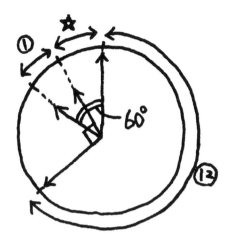

$$\bigstar = 60 - ①$$

$$\rightarrow 60 - ① + ⑬ = 270° \rightarrow ① = \frac{210}{11}(度)$$

$$\frac{210}{11}(度) \div 0.5(度/分) = 38\frac{2}{11}(分) \cdots 2回目$$

よって、$10時5\frac{5}{11}分$ と $10時38\frac{2}{11}分$

21 の問題は 17 ページにあります。

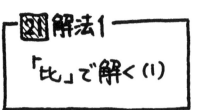

(ア) Aが2周したとき、Bは2周まで あと30m

　→ 2人が進んだきょりの差 ＝ 30m

(イ) Bが3周したとき、Aは3周と さらに48m

　→ 2人が進んだきょりの差 ＝ 48m

2人が出発してから (ア)、(イ) の状態になる
までにかかった時間の比は、

(ア)：(イ) ＝ 30：48 ＝ 5：8

8÷5＝1.6

　→ (イ)は(ア)の 1.6倍の 時間が
　　かかっている

Aは (ア)では 2周 している

→ (イ)では 2×1.6 = 3.2周 したことになる

→ 3周 + 48m = 3.2周

→ 0.2周 = 48m

→ 1周 = 240(m)

21 解法2
「比」で解く (2)

Aが2周したとき, Bは2周まであと30m

→ Aが1周したとき, Bは1周まであと15m ~~~~~~~~(ア)

Bが3周したとき, Aは3周とさらに48m

→ Bが1周したとき, Aは1周とさらに16m ~~~~~~~~(イ)

(ア)から(イ)の状態になるまでに,

Aは16m, Bは15m 進んでいる

→ 速さの比は, A:B = 16:15 ~~~~~~~~(ウ)

（ウ）より, A, Bが（ア）の時点で進んだ
きょりを ⑯, ⑮(m) とすると,

$$⑯ = ⑮ + 15 \rightarrow ① = 15$$

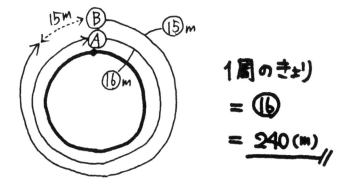

1周のきょり
= ⑯
= 240(m)

22 の問題は 17 ページにあります。

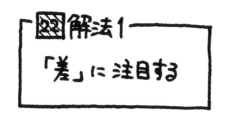

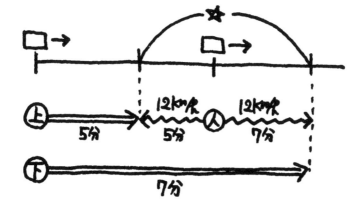

$$☆ = 12 (km/h) \times \frac{5+7}{60} (h) = 2.4 (km)$$

$$電車の速さ = 2.4 (km) \div \frac{7-5}{60} (h)$$

$$= 72 (km/h)$$

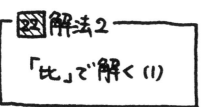

図解法2

「比」で解く (1)

解法1の図で、☆にかかる時間は、
電車は 7-5 = 2(分)、人は 5+7 = 12(分)

よって、時間の比は、電:人 = 1:6
→速さの比は 6:1

電車の速さ = 12(km/h)×6 = 72(km/h)

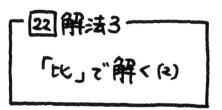

電車の速さ ＝ ①m/分 とする。

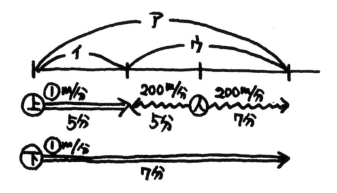

ア ＝ ① × 7 ＝ ⑦m
イ ＝ ① × 5 ＝ ⑤m
ウ ＝ 200 × (5＋7) ＝ 2400 (m)

問題22 （人と電車の出会いと追いこし・C）

⑰ = ⑤ + 2400 → ① = 1200

電車の速さ = 1200 (m/分) = 72 (km/h)

23 の問題は 17 ページにあります。

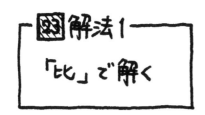

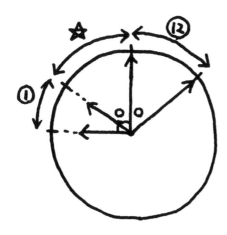

速さの比は. 長針：短針 = 6：0.5 = 12：1

→ 進んだ角度を ⑫, ① 度とする

☆ = ⑬ → ① + ⑫ = 90°

→ ① = $\frac{90}{13}$ (度)

問題23（線対称になる時刻・C）

$$\frac{90}{13}(度) \div 0.5(度/分) = 13\frac{11}{13}(分)$$

短針の速さ

よって, 9時13$\frac{11}{13}$分

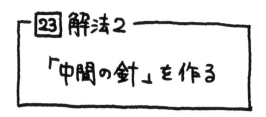

23 解法2
「中間の針」を作る

短針と長針の中間に針を作る。

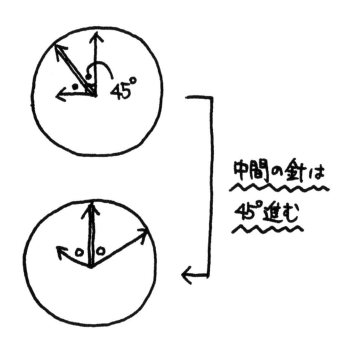

中間の針は
45°進む

中間の針の速さは、短針と長針の平均なので

$(6 + 0.5) \div 2 = \underline{3.25(度/分)}$

中間の針が $45°$ 進むのにかかる時間は

$45 \div 3.25 = 45 \times \dfrac{4}{13} = \underline{13\dfrac{11}{13}(分)}$

よって、$\underline{9時\ 13\dfrac{11}{13}分}$

24 の問題は 17 ページにあります。

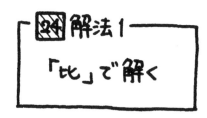

行き：5ℓ
帰り：5.5ℓ

A〜峠 の 速さの比は、上リ：下リ＝3：6＝1：2
→ 時間の比は 2：1 → ②,①ℓとする

峠〜B も 同じく、時間の比は 上リ：下リ＝2：1
→ 2,1ℓとする

行きは5h → ②+①=5 ···(1)

帰りは5.5h → ①+②=5.5 ···(2)

(1)(2)より、①=1.5、①=2

よって、A〜峠のきょりは、

3(km/h) × (1.5×2)h = 9(km)
　　　　　　②

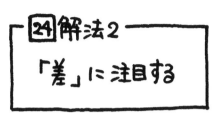

行き より 帰りの方が 時間が かかる
→ 帰りの方が「上り」が 長い

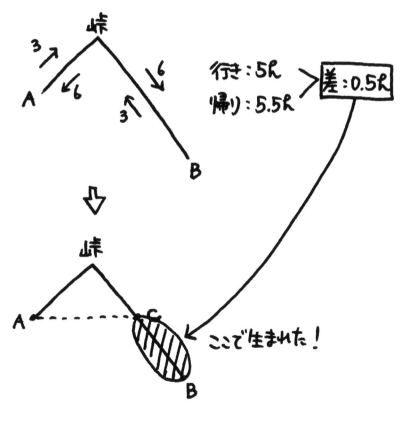

峠

3 ↗

A
←6

↓6

3 ↗

B

行き：5R
帰り：5.5R

差：0.5R

↓

峠

A - - - - - C

ここで 生まれた！

B

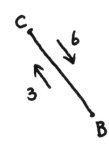

速さの比は、上り：下り ＝ 1：2

→ 時間の比は 2：1

上り ＝ ②ℓ, 下り ＝ ①ℓ とすると,

② － ① ＝ 0.5 → ① ＝ 0.5

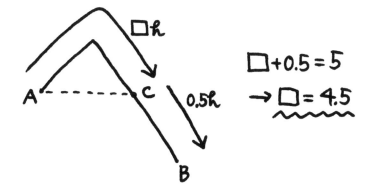

□ ＋ 0.5 ＝ 5

→ □ ＝ 4.5

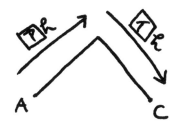

速さの比は、上り：下り ＝ 1：2

→ 時間の比は 2：1

→ ㋐：㋑ ＝ 2：1

$$\boxed{ア} + \boxed{イ} = 4.5 \rightarrow \underline{\underline{\boxed{ア} = 3, \boxed{イ} = 1.5}}$$

峠

3km/h 3R

A

よって、A～峠のきょりは、

$$3 \times 3 = \underline{\underline{9(km)}}$$

※ C～Bのきょりは、次の方法で求める
こともできます。

坂道＝1kmだと、

時間の差 ＝ $1 \div 3 - 1 \div 6 = \frac{1}{6}$ (R)
         ‾‾‾‾‾ ‾‾‾‾‾
        上りの時間 下りの時間

C～Bのきょり ＝ □km とすると、

1km → 差＝$\frac{1}{6}$(R) ┐
□km → 差＝0.5(R) ←┘ 3倍

↓

3
~~~

25 の問題は 18 ページにあります。

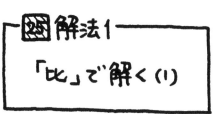

兄の2歩 = 弟の3歩

→ 歩幅の比は, 兄:弟 = 3:2

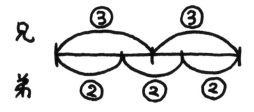

兄 ③　③

弟 ②　②　②

兄が5歩あるく間に弟は6歩あるく

→ 速さの比は, ③×5 : ②×6 = ⑮:⑫

= 5:4

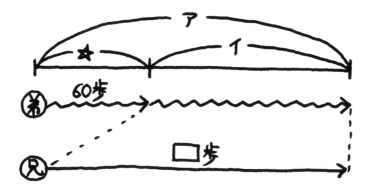

$\bigstar = ② \times 60 = ⑫⓪$, ア:イ = 5:4

$\rightarrow$ ア = ⑥⓪⓪

よって. □ = ⑥⓪⓪ ÷ ③ = 200 (歩)

```
┌─ 25 解法2 ──────────┐
│  「比」で解く ⑵      │
└────────────────────┘
```

	兄		弟
幅	3	:	2
数	5	:	6

速　3×5 : 2×6 ＝ 5:4

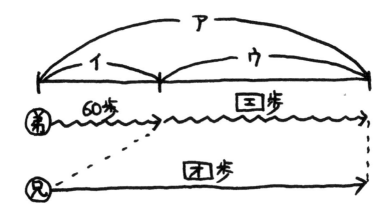

ア：ウ＝5：4

→ イ：ウ＝1：4

→ 60：エ ＝ 1：4

→ エ ＝ 240

エ：オ ＝ 6：5

→ オ ＝ 200

よて, 200（歩）

最後まで読んで
くれてありがとう！
速さが得意になたかな？

3 章

応用編・問題

【1】 姉がA町を、妹がB町を同時に出発し、2つの町の間をそれぞれ一定の速さで往復しました。2人はB町から1500mの地点ではじめて出会い、そのまま歩き続けたところ、A町から500mの地点で再び出会いました。2つの町の間の距離は何mですか。

解答・解説は146ページにあります。

【2】 ある人が3200m離れた場所へ向かって歩きはじめました。800m進んだところから速さを20%減らして歩いたら、予定より10分遅れて着きました。はじめの速さは分速何mですか。

解答・解説は148ページにあります。

【3】 上りのエスカレーターを、A君がある速さで歩きながらのぼると、50段のぼったところで上りきります。また、歩く速さを2倍にしてのぼると、60段のぼったところで上りきります。このエスカレーターは、何段ありますか。

解答・解説は150ページにあります。

【4】 A、B、Cの3人が、同じ場所から同時に出発して池のまわりをそれぞれ一定の速さで走ります。A、Bは右まわり、Cは左まわりで、AとBの走る速さの比は4：3です。出発してから5分後にAとCが初めて出会い、その1分後にBとCが初めて出会いました。Aは、この池を1周するのに何分何秒かかりますか。

解答・解説は152ページにあります。

【5】 家から駅の方向に歩いて6分の地点にバス停があり、そこからバスを利用すると、家から駅まで9分で行けます。バス停が140mだけ家の方向に移動したため、6分54秒で行けるようになりました。家から駅まで同じ道を歩いて行くと30分かかります。バス停での待ち時間はないものとします。バスの速さは時速何kmですか。

解答・解説は154ページにあります。

【6】 静水での速さが同じ2つの船があります。一定の速さで流れている川の上流に地点A、下流に地点Bがあります。一方の船はAからBに、もう一方の船はBからAに向かって同時に出発しました。2つの船は、出発してから45分後に出会い、出会うまでに2つの船が移動した距離の差は3.6kmでした。この船が静水で、AからBまでと同じ距離を進むのに何分かかりますか。

解答・解説は156ページにあります。

【7】 7人の人がA地点から27km離れたB地点へ行くのに、4人乗りの車が1台しかなかったので、4人が車に乗り、3人は歩いてA地点を同時に出発しました。C地点で車から3人が降り、その先は歩いてB地点に向かいました。車はすぐに引き返してA地点から歩いてきた3人をD地点で乗せてすぐにB地点に向かいました。すると全員が同時にB地点に着きました。歩く速さは毎時3km、車の速さは毎時45kmでした。全員がB地点に着くのは、A地点を出発してから何時間何分後ですか。

解答・解説は158ページにあります。

【8】 A地点からB地点まで、坂道と平らな道とでつながってい
て、その道のりは24kmです。平らな道を時速4km、上り
坂を時速2km、下り坂を時速5kmで進むと、AからBへ行
くのに9時間かかり、BからAへ行くのに6時間かかります。
平らな道のりの和は何kmですか。

解答・解説は162ページにあります。

【9】 太郎君はいつも7時に家を出て、歩いて家から2.1km離れ
た学校に向かいます。自転車で家から学校まで行くと歩くよ
り21分早く学校に着きます。ある日、太郎君は7時に家を出
て学校に向かいました。全体の3分の1進んだところで忘れ
物に気がついて同じ速さで歩いて家に戻りました。すぐ忘れ
物をとり学校に自転車で向かいました。そのため、歩いて通
ういつもの時間より1分早く学校に着きました。太郎君の自
転車の速さは時速何kmですか。

解答・解説は164ページにあります。

【10】池の周りに1周1800mの自然歩道があります。その道を、
よしおくんは左まわりに、まさおくんは右まわりに走ります。
2人がA地点から同時に出発したとき7分30秒後に出会いま
した。次に、2人とも速さを毎分20m遅くして再びA地点か
ら同時に出発したときは、最初に出会った地点から30m離れ
た場所で出会いました。よしおくんがまさおくんより速いで
す。よしおくんの最初の速さは毎分何mですか。

解答・解説は166ページにあります。

【11】 A地点とB地点は100m離れています。太郎と次郎は同時にA地点を出発し、A地点とB地点の間を歩いて往復します。出発してから2人が初めて出会ったのはA地点から90m離れた地点でした。また、2人が3回目に出会ったのは、出発してから5分後でした。太郎の方が次郎よりも速く歩くものとします。2人が初めてB地点で出会うのは、出発してから何分何秒後ですか。

解答・解説は168ページにあります。

【12】 A、B駅間を止まらず同じ線路上を走る快速電車と普通電車があります。快速電車は時速125km、普通電車は時速75kmで走っています。ある日、強風により、A、B間の途中にある鉄橋上で快速電車も普通電車も同じ速さで徐行しました。すると、到着予定時刻よりも、快速電車は4分遅れ、普通電車は2分遅れました。鉄橋の長さは何kmですか。

解答・解説は170ページにあります。

【13】 円形の道があり、この道のP地点とQ地点を結ぶとこの円の直径になります。AさんとBさんがP地点から同時に反対向きに出発してから、初めて出会うまでの時間と、2人がP地点から同時に同じ向きに出発してから、Bさんが初めてAさんを追いこすまでの時間の比は1：6になります。AさんがP地点を出発してから1分後に、BさんがAさんと反対向きに出発したところ、Bさんが出発してから6分5秒後に、2人はQ地点から21.5m離れたところで初めて出会いました。この道の1周の長さは何mですか。

解答・解説は172ページにあります。

【14】 湖の周りを、A、B、Cの3人が同じ地点を同時に出発して同じ方向に回ります。出発してから1時間40分後にBはCに初めて追いつかれました。また、出発してから2時間30分後にBはAに初めて追いつきました。Aの速さは毎分60m、Cの速さは毎分120mです。湖の周りの長さは何mですか。

解答・解説は174ページにあります。

【15】 A君は駅から家に、お父さんは家から駅に向かって同時に歩き始めました。お父さんは20分歩いたところでA君と出会い、それからさらに16分歩いて駅に着きました。また、A君はお父さんと出会ったところから家に着くまでにちょうど2000歩あるきました。お父さんはA君より、歩数は1分あたり5歩少なく、歩幅は20cm長いです。家から駅までの距離は何mですか。

解答・解説は176ページにあります。

【16】 太郎君は分速60mで、次郎君は分速50mで同じ方向に向かって歩きます。はじめに太郎君は犬と一緒にいて、次郎君は太郎君の350m先にいます。2人が歩き出すと同時に、太郎君と一緒にいた犬が次郎君のところまで分速120mで走り出します。犬は次郎君のところにたどりつくと、今度は太郎君のところに向かって走ります。このように、太郎君が次郎君に追いつくまでの間、犬は2人の間を往復し続けます。太郎君が次郎君に追いついたとき、犬は全部で何m走りましたか。

解答・解説は178ページにあります。

【17】 下り坂を毎時 7 km で歩く A 君と、下り坂を毎時 7.2km で歩く B 君がいます。A 君は P 地点から頂上を越えて Q 地点まで、B 君は Q 地点から頂上を越えて P 地点まで歩きます。A 君は P 地点を、B 君は Q 地点を同時に出発したところ、その 60 分後に、B 君が上り坂を 4 分の 3 上がった地点で 2 人は出会いました。さらに、A 君は 36 分歩いて Q 地点に着きました。また、B 君は Q 地点から P 地点まで歩くのに 110 分かかりました。A 君の上り坂での歩く速さは毎時何 km ですか。

解答・解説は 180 ページにあります。

【18】 兄と弟は、家から図書館まで歩いて行きました。弟は兄より 2 分早く家を出発し、図書館に着くまで 11 分歩きました。兄が家を出発してから 4 分後、弟は兄よりも 100 m 先を歩いていたので、兄はそこから歩く速さを毎分 13 m だけ速くし、弟と同時に図書館に着きました。家から図書館までの道のりは何 m ですか。

解答・解説は 182 ページにあります。

【19】 一定の速さで流れている川があります。この川の上流に
A地点があり、そこから15km離れた下流にB地点があり
ます。太郎君は午前7時にA地点を船で出発しましたが、エン
ジンをかけることなく、川の流れにまかせてB地点まで下り
ました。花子さんは、太郎君が出発してからしばらくしてA
地点を船で出発し、エンジンをかけて川を下りました。花子
さんの船は、午前8時12分にA地点から3kmの地点で太郎
君の船を追い越し、B地点に着いたら休むことなく上流のA
地点に向かって川を上りました。そして、午前10時20分に
太郎君の船に出会いました。花子さんの船の静水での速さは
時速何kmですか。

解答・解説は184ページにあります。

【20】 あるく速さと歩幅がそれぞれ一定の兄と弟がいて、兄が
3歩あるく時間と弟が5歩あるく時間は同じです。また、25
歩先に進んだ弟を兄が追いかけると、兄は30歩あるいたとこ
ろで追いつきます。兄がA地点を、弟がB地点を同時に出発
して、向かい合ってあるき始めました。兄は弟とすれちがっ
た後、60歩あるいてB地点に着きました。このとき、弟はB
地点からA地点まで何歩であるきますか。

解答・解説は186ページにあります。

4 章

応用編・解説

【1】 姉がＡ町を、妹がＢ町を同時に出発し、２つの町の間をそれぞれ一定の速さで往復しました。２人はＢ町から 1500 ｍの地点ではじめて出会い、そのまま歩き続けたところ、Ａ町から 500 ｍの地点で再び出会いました。２つの町の間の距離は何ｍですか。

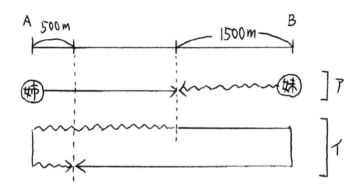

2人の進んだきょりの和は、ア：イ ＝ 1：2

→ 姉、妹のそれぞれが進んだきょりも 1：2

妹に注目すると，

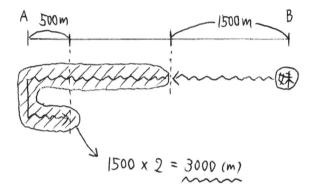

$$1500 \times 2 = \underline{3000 \ (m)}$$

よって，ABのきょりは，

$$1500 + 3000 - 500 = \underline{\underline{4000 \ (m)}}$$

【2】 ある人が 3200 m 離れた場所へ向かって歩きはじめました。800 m 進んだところから速さを 20％減らして歩いたら、予定より 10 分遅れて着きました。はじめの速さは分速何mですか。

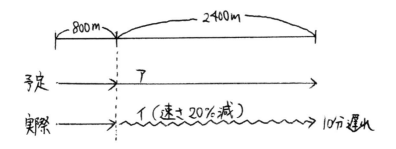

速さの比は、ア：イ ＝ 1：0.8 ＝ 5：4

→ 時間の比は 4：5

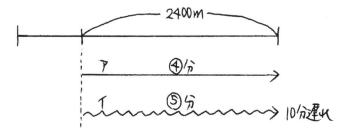

ア, イでかかった時間の差に注目すると,

⑤ − ④ = 10 → ① = 10 → ④ = 40

よって, はじめの速さ（アの速さ）は,

2400 (m) ÷ 40 (分) = 60 (m/分)

【3】上りのエスカレーターを、A君がある速さで歩きながらのぼると、50
段のぼったところで上りきります。また、歩く速さを2倍にしてのぼる
と、60段のぼったところで上りきります。このエスカレーターは、何
段ありますか。

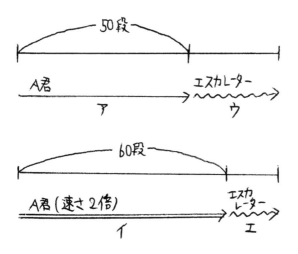

かかった時間の比は、ア：イ＝50：(60÷2)＝5：3

→ ウ、エにかかった時間の比も 5：3

→ ウ、エの段数の比も 5：3

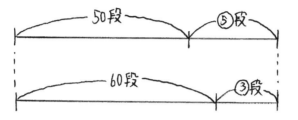

段数の和は等しいので，

$$50 + ⑤ = 60 + ③ \rightarrow ① = 5 \rightarrow ⑤ = 25$$

よって，全体の段数は， $50 + 25 = \underline{75 (段)}$

【4】 A、B、Cの3人が、同じ場所から同時に出発して池のまわりをそれぞれ一定の速さで走ります。A、Bは右まわり、Cは左まわりで、AとBの走る速さの比は4：3です。出発してから5分後にAとCが初めて出会い、その1分後にBとCが初めて出会いました。Aは、この池を1周するのに何分何秒かかりますか。

A, Bの速さを ④m/分, ③m/分とします。

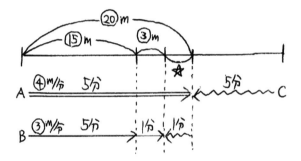

★ = ⑳ － (⑮ + ③) = ② (m)

→ Cの速さは, ②(m) ÷ 1(分) = ②(m/分)

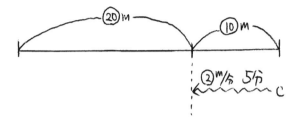

1周の長さは, ⑳ + ⑩ = ㉚ (m)

よって, Aが1周するのにかかる時間は,

㉚ (m) ÷ ④ (m/分) = 7.5 (分) → 7分30秒

【5】家から駅の方向に歩いて6分の地点にバス停があり、そこからバスを利用すると、家から駅まで9分で行けます。バス停が140mだけ家の方向に移動したため、6分54秒で行けるようになりました。家から駅まで同じ道を歩いて行くと30分かかります。バス停での待ち時間はないものとします。バスの速さは時速何kmですか。

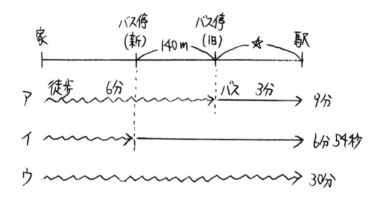

徒歩で☆にかかる時間は、ア,ウより 30-6 = 24(分)

→ 同じきより(☆)でかかる時間の比は,

バス：徒歩 ＝ 3：24 ＝ 1：8

→ 速さの比は 8：1

ア, イの時間の差は、140m（新旧のバス停のきょり）を
徒歩, バスのどちらで移動したかによって生じています。

徒歩, バスで140mにかかる時間を ⑧, ① とすると,

⑧ー① ＝ 9分 ー 6分54秒 → ① ＝ 18秒 ＝ 0.3分

よって, バスの速さは, 140(m) ÷ 0.3(分) ＝ $\dfrac{1400}{3}$ (m/分)

$$= 28 \text{(km/時)}$$

【6】静水での速さが同じ2つの船があります。一定の速さで流れている川の上流に地点A、下流に地点Bがあります。一方の船はAからBに、もう一方の船はBからAに向かって同時に出発しました。2つの船は、出発してから45分後に出会い、出会うまでに2つの船が移動した距離の差は3.6kmでした。この船が静水で、AからBまでと同じ距離を進むのに何分かかりますか。

静水時の速さを $\boxed{1}$ m/分, 流れの速さを $①$ m/分 とすると,

上りの速さは $\boxed{1}-①$ m/分, 下りの速さは $\boxed{1}+①$ m/分,

上りと下りの速さの差は $②$ m/分 となります。

45分間で移動したきょりの差は 3600m なので,

$② × 45 = 3600$ → $① = 40$

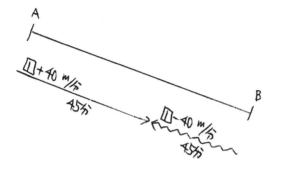

ABのきょりは，$(\boxed{□}+40) \times 45 + (\boxed{□}-40) \times 45$

$= \boxed{45} + 1800 + \boxed{45} - 1800$

$= \boxed{90}$ (m)

よって，静水でABと同じきょりを進むのにかかる時間は，

$\boxed{90}$ (m) $\div \boxed{□}$ (m/分) $= 90$ (分)

【7】 7人の人がA地点から27km離れたB地点へ行くのに、4人乗りの車が1台しかなかったので、4人が車に乗り、3人は歩いてA地点を同時に出発しました。C地点で車から3人が降り、その先は歩いてB地点に向かいました。車はすぐに引き返してA地点から歩いてきた3人をD地点で乗せてすぐにB地点に向かいました。すると全員が同時にB地点に着きました。歩く速さは毎時3km、車の速さは毎時45kmでした。全員がB地点に着くのは、A地点を出発してから何時間何分後ですか。

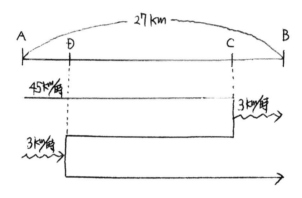

車が歩いてきた3人と出会うまで（車：A→C→D、

3人：A→D）を考えます。

車と3人が進んだきょりの比は、45：3 = 15：1

それぞれ ⑮km, ①km とすると,

$AC \times 2 = ⑮ + ① \rightarrow AC = ⑧km$

$AⒹ = ①km \rightarrow ⒹC = ⑧ - ① = ⑦km$

よって, $AⒹ : ⒹC = 1：7$

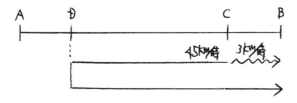

同様に考えて, $ⒹC : CB = 7：1$

$\rightarrow AⒹ : ⒹC : CB = 1：7：1$

$AB = 27km$ なので, $AⒹ = 3km$, $ⒹC = 21km$, $CB = 3km$

となります。

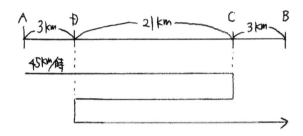

車が進んだきょりの和は， 24 + 21 + 24 = 69 (km)

よって，かかった時間は

$$69 (km) \div 45 (km/時) = 1\frac{8}{15} (時間) \rightarrow 1時間32分後$$

〈参考〉

ダイャグラムで整理すると、次のようになります。

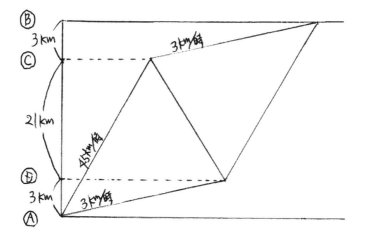

【8】 A地点からB地点まで、坂道と平らな道とでつながっていて、その道のりは24kmです。平らな道を時速4km、上り坂を時速2km、下り坂を時速5kmで進むと、AからBへ行くのに9時間かかり、BからAへ行くのに6時間かかります。平らな道のりの和は何kmですか。

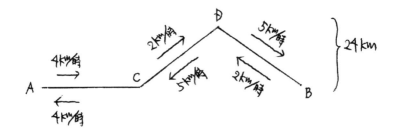

AC, CD, DB のきょりを $\square$km、$①$km、$\triangle$km とすると、

$$\square + ① + \triangle = 24 \quad \cdots (ア)$$

A→B に9時間かかったので、$\dfrac{\square}{4} + \dfrac{①}{2} + \dfrac{\triangle}{5} = 9 \cdots (イ)$

B→A に6時間かかったので、$\dfrac{\square}{4} + \dfrac{①}{5} + \dfrac{\triangle}{2} = 6 \cdots (ウ)$

(ア)×5　　$⑤ + ⑤ + ⑤ = 120$　　$\cdots$ (ア)'

(イ)×20　　$⑤ + ⑩ + Ⓐ = 180$　　$\cdots$ (イ)'

(ウ)×20　　$⑤ + ④ + ⑩ = 120$　　$\cdots$ (ウ)'

(イ)'−(ウ)'　　$⑥ - Ⓐ = 60$　$\rightarrow$　$① - △ = 10$　$\cdots$ (エ)

(ア)'−(ウ)'　　$① - ⑤ = 0$　$\rightarrow$　$① = ⑤$　$\cdots$ (オ)

(エ)(オ)より　　$⑤ - △ = 10$　$\rightarrow$　$△ = 2.5$

　　　　　　　　　　　　　$\rightarrow$　$① = 12.5$

(ア)より　　$☐ + 12.5 + 2.5 = 24$　$\rightarrow$　$☐ = 9$

よって、平らな道のりの和は　$\underline{9\,km}$

【9】太郎君はいつも7時に家を出て、歩いて家から2.1km離れた学校に向かいます。自転車で家から学校まで行くと歩くより21分早く学校に着きます。ある日、太郎君は7時に家を出て学校に向かいました。全体の3分の1進んだところで忘れ物に気がついて同じ速さで歩いて家に戻りました。すぐ忘れ物をとり学校に自転車で向かいました。そのため、歩いて通ういつもの時間より1分早く学校に着きました。太郎君の自転車の速さは時速何kmですか。

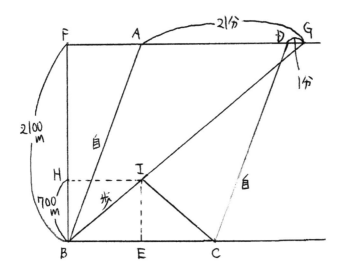

ABとDCは平行（速さが同じ），ADとBCも平行

→ ABCDは平行四辺形

→ BC = AD = 21-1 = 20

BE = EC（きょりと速さが同じ）

→ BE = 20 ÷ 2 = 10 → HI = 10

△BHI と △BFG は相似

→ HI : FG = 700 : 2100 = 1 : 3

→ FG = 30

→ FA = 30 - 21 = 9

よって、自転車の速さは、

2100(m) ÷ 9(分) = $\frac{700}{3}$ (m/分)

= 14 (km/時)

【10】 池の周りに1周1800mの自然歩道があります。その道を、よしお
くんは左まわりに、まさおくんは右まわりに走ります。2人がA地点か
ら同時に出発したとき7分30秒後に出会いました。次に、2人とも速
さを毎分20m遅くして再びA地点から同時に出発したときは、最初に
出会った地点から30m離れた場所で出会いました。よしおくんがまさ
おくんより速いです。よしおくんの最初の速さは毎分何mですか。

前半の2人の速さの和は、1800(m) ÷ 7.5(分) = 240(^{m}/分)

→ 後半の2人の速さの和は、240 - 20×2 = 200(^{m}/分)

→ 後半に2人が出会うまでの時間は、1800 ÷ 200 = 9(分)

後半に2人が7.5分間に進むきょりは、

前半に比べて 20(^{m}/分)×7.5(分) = 150m ずつ短い

→ 2人のきょりの差は 150×2 = 300m

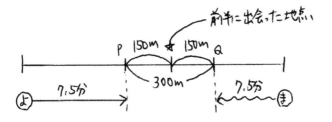

☆から 30m はなれた場所で出会った

→ R、S のどちらかで出会った

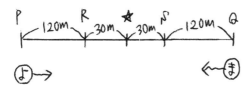

よしお君が まさお君 より速い → 出会ったのは S

よしお君は、 9−7.5＝1.5分間に 120＋30×2＝180m 進んだ

→ 180÷1.5 ＝ 120 (m/分)

よって、よしお君の最初の速さは、120＋20 ＝ 140 (m/分)

【11】 A地点とB地点は100m離れています。太郎と次郎は同時にA地点を出発し、A地点とB地点の間を歩いて往復します。出発してから2人が初めて出会ったのはA地点から90m離れた地点でした。また、2人が3回目に出会ったのは、出発してから5分後でした。太郎の方が次郎よりも速く歩くものとします。2人が初めてB地点で出会うのは、出発してから何分何秒後ですか。

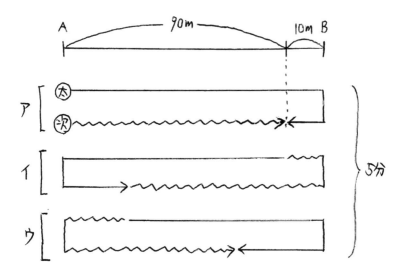

2人が進むきょりの和は、ア＝イ＝ウ＝200m

→ かかった時間は、ア＝イ＝ウ＝5÷3＝$\frac{5}{3}$(分)

→ 太郎の速さは、110(m)÷$\frac{5}{3}$(分)＝66(m/分)

太郎は 110m 進むごとに 次郎と出会う … (1)

太郎は 100m, 300m, 500m, … 進んだとき, B地点にいる … (2)

(1)(2)が同時に起こるとき, 2人は B地点で出会う

→ B地点で初めて出会うのは, 太郎が 1100m 進んだとき

よって, 1100 (m) ÷ 66 (m/分) ≒ $16\frac{2}{3}$ (分) → 16分40秒後

【12】A、B駅間を止まらず同じ線路上を走る快速電車と普通電車があります。快速電車は時速125km、普通電車は時速75kmで走っています。ある日、強風により、A、B間の途中にある鉄橋上で快速電車も普通電車も同じ速さで徐行しました。すると、到着予定時刻よりも、快速電車は4分遅れ、普通電車は2分遅れました。鉄橋の長さは何kmですか。

いつもの速さの比は、快速：普通 = 125：75 = 5：3

→ 時間の比は 3：5

鉄橋を通過するのにかかる時間を、

いつもの快速は③分、普通は⑤分、

ある日（強風の日）の快速、普通は□分とします。

快速は4分遅れたので、□ー③ = 4

普通は2分遅れたので、□ー⑤ = 2

→ ② = 2 → ① = 1 → ③ = 3

快速は、125km/時で鉄橋を通過するのに3分かかることになります。

よって、鉄橋の長さは、

$$125(km/時) \times \frac{3}{60}(時間) = \underline{6.25(km)}$$

【13】 円形の道があり、この道のP地点とQ地点を結ぶとこの円の直径になります。AさんとBさんがP地点から同時に反対向きに出発してから、初めて出会うまでの時間と、2人がP地点から同時に同じ向きに出発してから、Bさんが初めてAさんを追いこすまでの時間の比は1：6になります。AさんがP地点を出発してから1分後に、BさんがAさんと反対向きに出発したところ、Bさんが出発してから6分5秒後に、2人はQ地点から21.5m離れたところで初めて出会いました。この道の1周の長さは何mですか。

2人がP地点から同時に出発して、

出会うまでの時間 ＝ 1周の長さ ÷ 速さの和(B+A) ‥‥ ア

追いこすまでの時間 ＝ 1周の長さ ÷ 速さの差(B-A) ‥‥ イ

ア：イ＝1：6 → 速さの和：速さの差 ＝ 6：1

→ A：B ＝ (6-1)÷2 ： (6+1)÷2 ＝ 5：7

A, Bの速さを ⑤m/分, ⑦m/分 とします。

実際は Aの1分後にBが出発し、6分5秒後に出会うので、

Aが進んだきょりは、⑤(m/分) × (1+6 5/60) = ㊸425/12 m

Bが進んだきょりは、⑦(m/分) × 6 5/60 = ㊸511/12 m

1周の長さは、㊸425/12 + ㊸511/12 = ㊸78 m → 半周は㊴39 m

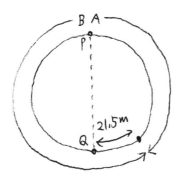

㊸425/12 + 21.5 = ㊴39 → ①=6

A が進んだ
きょり   半周

よって、1周の長さは、㊸78 = 6×78 = 468 (m)

【14】湖の周りを、A、B、Cの3人が同じ地点を同時に出発して同じ方向に回ります。出発してから1時間40分後にBはCに初めて追いつかれました。また、出発してから2時間30分後にBはAに初めて追いつきました。Aの速さは毎分60m、Cの速さは毎分120mです。湖の周りの長さは何mですか。

Bの速さを①m/分とすると、

1周の長さ÷(120-①) = 100(分) …(☆)
　　　　　　　C-B

1周の長さ÷(①-60) = 150(分)
　　　　　　B-A

→ (120-①)：(①-60) = 150：100 = 3：2

外項の積＝内項の積 より、

(120-①)×2 = (①-60)×3

→ 240 - ② = ③ - 180

→ ⑤ = 420

→ ① = 84

(★)より， 1周の長さ ≒ (120−84) = 100

→ 1周の長さは， (120−84)×100 = 3600(m)

【15】 A君は駅から家に、お父さんは家から駅に向かって同時に歩き始めました。お父さんは20分歩いたところでA君と出会い、それからさらに16分歩いて駅に着きました。また、A君はお父さんと出会ったところから家に着くまでにちょうど2000歩あるきました。お父さんはA君より、歩数は1分あたり5歩少なく、歩幅は20cm長いです。家から駅までの距離は何mですか。

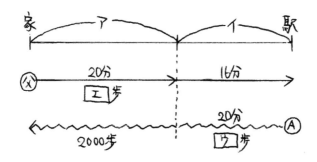

アとイのきょりの比は，20：16 ＝ 5：4

→ 2000：ウ ＝ 5：4 より ウ ＝ 1600

→ A君の歩数は，1600(歩)÷ 20(分) ＝ 80 (歩/分)

→ 父の歩数は， 80 − 5 ＝ 75 (歩/分)

→ エ ＝ 75 (歩/分) × 20 (分) ＝ 1500

ア = ⑥⑥⑥⑥ m とすると,

父の歩幅は ⑥⑥⑥⑥ ÷ 1500 = ④ m

A君の歩幅は ⑥⑥⑥⑥ ÷ 2000 = ③ m

歩幅の差は 20cm なので, ④ ~ ③ = 0.2 (m)

→ ① = 0.2 → ④ = 0.8

→ アのきょりは, 0.8(m/歩) × 1500(歩) = 1200(m)

→ イのきょりは, 1200 × $\frac{4}{5}$ = 960 (m)

よって、家から駅までのきょりは, 1200 + 960 = 2160(m)

【16】太郎君は分速 60 m で、次郎君は分速 50 m で同じ方向に向かって歩きます。はじめに太郎君は犬と一緒にいて、次郎君は太郎君の 350 m 先にいます。2 人が歩き出すと同時に、太郎君と一緒にいた犬が次郎君のところまで分速 120 m で走り出します。犬は次郎君のところにたどりつくと、今度は太郎君のところに向かって走ります。このように、太郎君が次郎君に追いつくまでの間、犬は 2 人の間を往復し続けます。太郎君が次郎君に追いついたとき、犬は全部で何 m 走りましたか。

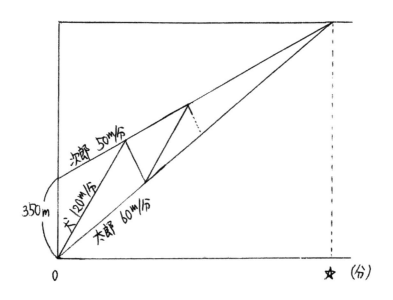

太郎が次郎に追いつく（☆）のは、

350 ÷ (60 - 50) = 35 (分後)

— 178 —

その間、犬は 120m/分 で走り続けています。

よって、犬が走ったきょりは、120 × 35 ＝ <u>4200 (m)</u>

【17】 下り坂を毎時7kmで歩くA君と、下り坂を毎時7.2kmで歩くB君がいます。A君はP地点から頂上を越えてQ地点まで、B君はQ地点から頂上を越えてP地点まで歩きます。A君はP地点を、B君はQ地点を同時に出発したところ、その60分後に、B君が上り坂を4分の3上がった地点で2人は出会いました。さらに、A君は36分歩いてQ地点に着きました。また、B君はQ地点からP地点まで歩くのに110分かかりました。A君の上り坂での歩く速さは毎時何kmですか。

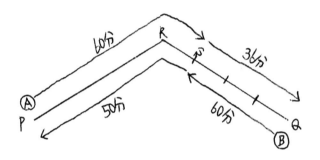

A君が RS にかかった時間は $36 \times \frac{1}{3} = 12$ (分)

→ PR にかかった時間は $60 - 12 = 48$ (分)

B君が SR にかかった時間は $60 \times \frac{1}{3} = 20$ (分)

→ RP にかかった時間は $50 - 20 = 30$ (分)

A君の上り坂での速さを □ km/時 とすると,

$$\square \text{(km/時)} \times \frac{48}{60} \text{(時間)} = 7.2 \text{(km/時)} \times \frac{30}{60} \text{(時間)}$$

$$\rightarrow \quad \square = 4.5 \text{(km/時)}$$

【18】 兄と弟は、家から図書館まで歩いて行きました。弟は兄より2分早く家を出発し、図書館に着くまで11分歩きました。兄が家を出発してから4分後、弟は兄よりも100m先を歩いていたので、兄はそこから歩く速さを毎分13mだけ速くし、弟と同時に図書館に着きました。家から図書館までの道のりは何mですか。

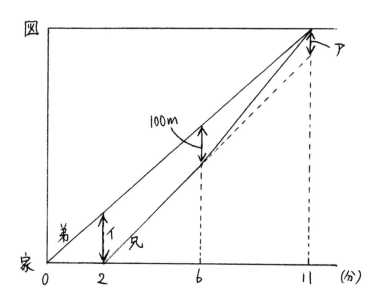

アのきょり（予定と実際の差）は、

13(m/分) × (11-6)分 = 65(m)

兄が 6～11分後も最初の速さで歩いていたら、

5分間で 2人の差は 100-65 = 35(m) 縮まる

→ 速さの差は、35÷5 = 7(m/分)

→ イのきょりは、100+7×(6-2) = 128(m)

→ 弟の速さは、128(m)÷2(分) = 64(m/分)

よって、家から図書館までのきょりは、64×11 = 704(m)

【19】 一定の速さで流れている川があります。この川の上流にA地点があり、そこから15km離れた下流にB地点があります。太郎君は午前7時にA地点を船で出発しましたが、エンジンをかけることなく、川の流れにまかせてB地点まで下りました。花子さんは、太郎君が出発してからしばらくしてA地点を船で出発し、エンジンをかけて川を下りました。花子さんの船は、午前8時12分にA地点から3kmの地点で太郎君の船を追い越し、B地点に着いたら休むことなく上流のA地点に向かって川を上りました。そして、午前10時20分に太郎君の船に出会いました。花子さんの船の静水での速さは時速何kmですか。

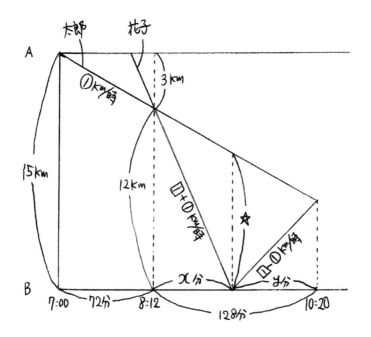

☆のきょり $= (\boxed{Ⅱ} + \boxed{①} - \boxed{①})$ km/時 $\times \dfrac{x}{60}$(時間)

花子・下り　　太郎

$= (\boxed{Ⅱ} - \boxed{①} + \boxed{①})$ km/時 $\times \dfrac{y}{60}$(時間)

花子・上り

$\rightarrow \boxed{Ⅱ} \times \dfrac{x}{60} = \boxed{Ⅲ} \times \dfrac{y}{60} \rightarrow x = y$

$\rightarrow x = 128 \div 2 = 64$

$\boxed{Ⅱ} + \boxed{①} = 12$(km) $\div \dfrac{64}{60}$(時間) $= 11.25$(km/時)

$\boxed{①} = 3$(km) $\div \dfrac{72}{60}$(時間) $= 2.5$(km/時)

$\rightarrow \boxed{Ⅱ} = 11.25 - 2.5 = \underline{8.75\text{(km/時)}} /\!/$

【20】あるく速さと歩幅がそれぞれ一定の兄と弟がいて、兄が3歩あるく時間と弟が5歩あるく時間は同じです。また、25歩先に進んだ弟を兄が追いかけると、兄は30歩あるいたところで追いつきます。兄がA地点を、弟がB地点を同時に出発して、向かい合ってあるき始めました。兄は弟とすれちがった後、60歩あるいてB地点に着きました。このとき、弟はB地点からA地点まで何歩であるきますか。

同じ時間に進む歩数の比は, 兄：弟 = 3：5

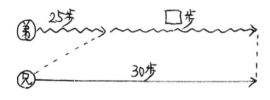

30：□ = 3：5 → □ = 50

同じきょりを進むのに, 兄は30歩, 弟は 25+50 = 75歩

→ 歩幅の比は, 兄：弟 = 75：30 = 5：2

→ 速さ(歩幅×歩数)の比は、兄：弟 = 5×3：2×5 = 3：2 (☆)

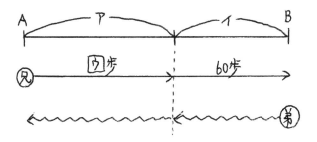

(ア)より、ア：イ ＝ 3：2

→ ウ：60 ＝ 3：2 → ウ ＝ 90

→ 兄はABを 90 + 60 ＝ 150 歩で進む

兄、弟の歩幅を ⑤、② とすると、

ABのきょりは ⑤ × 150 ＝ ⑺⑸⓪

よって、弟がABを進むときの歩数は、⑺⑸⓪ ÷ ② ＝ 375（歩）

5 章

補充問題＋解説

【1】電車が線路と平行な道を時速5kmで歩いている人を7秒で、時速14kmで走っている人を8秒で追い抜きました。この電車の速さは時速何kmですか。

解答・解説は192ページにあります。

【2】 1周するのに短針は24時間、長針は1時間かかる時計があります。5時と6時の間で短針と長針が重なるのは5時何分ですか。

解答・解説は194ページにあります。

【3】 板橋君は、毎朝7時40分に家を出てJ中学校に登校しています。ある週の月曜日にある速さで行くと始業時刻に8分遅れました。翌日の火曜日には、前日より分速を30m速くして行くと、始業時刻の8分前に着きました。さらに翌日の水曜日には、前日より分速を18m遅くして行くと、始業時刻ちょうどに着きました。板橋君の家からJ中学校までの距離と、始業時刻を求めなさい。

解答・解説は197ページにあります。

【4】 A君とB君はP地点を同時に出発して、P地点とQ地点の間を1往復しました。A君はQを折り返して、Qから900mの地点でB君と出会いました。また、A君がPにもどったとき、B君はQを折り返してPまであと3kmの地点にいました。A君の速さが時速6kmのとき、B君の速さを求めなさい。

解答・解説は200ページにあります。

【5】 故障した時計があります。短針は正常な時計と同じように
動きますが、長針は0分から30分の間は正常な時計と同じよ
うに動き、30分から60分の間は逆回転します。4時から5
時の間で短針と長針が2回目に重なる時刻は4時何分ですか。

解答・解説は 202 ページにあります。

【6】 午前7時と午前8時との間に家を出て、その日の午後2時
と午後3時との間に家に帰りました。家を出るときと帰った
ときに時計を見たところ、長針と短針がちょうど入れかわっ
た位置にありました。外出していた時間は何時間何分ですか。

解答・解説は 204 ページにあります。

【7】 ある池のまわりを、A君は自転車で、B君は歩いて、同じ
地点から同じ向きにまわります。A君が自転車で1周すると
8分かかります。B君の歩く速さは、A君の自転車の速さよ
り毎分144 m遅いです。B君が出発して4分後に、A君が出
発しました。A君がB君を2度目に追い越したのはB君が出
発して19分後でした。この池のまわりの長さを求めなさい。

解答・解説は 206 ページにあります。

1の問題は 190 ページにあります。

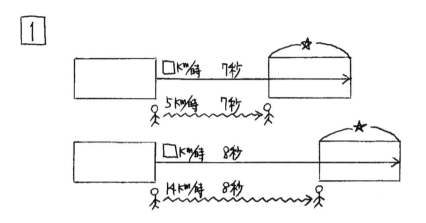

1つ目の条件より，　☆ = □(㎞時) × $\frac{7}{3600}$(時間) − 5 × $\frac{7}{3600}$ …(ア)

2つ目の条件より，　☆ = □ × $\frac{8}{3600}$ − 14 × $\frac{8}{3600}$ …(イ)

(ア)(イ)より，　□ × $\frac{7}{3600}$ − 5 × $\frac{7}{3600}$ = □ × $\frac{8}{3600}$ − 14 × $\frac{8}{3600}$

3600倍すると，　□ × 7 − 5 × 7 = □ × 8 − 14 × 8

→ □ × 1 = 14 × 8 − 5 × 7 = 77

よって，電車の速さは　時速 77 km

〈別解〉

旅人算（追いこし）の公式に当てはめると，

$$電車の長さ \div (\Box - 5)_{km/時} = \frac{7}{3600}（時間）$$

$$電車の長さ \div (\Box - 14)_{km/時} = \frac{8}{3600}（時間）$$

商は $\frac{7}{3600} : \frac{8}{3600} = 7 : 8$

→ 割る数は $8 : 7$

→ $(\Box - 5) : (\Box - 14) = 8 : 7$

$\Box - 5 = ⑧$，$\Box - 14 = ⑦$ とすると

$⑧ - ⑦ = 14 - 5$

→ $① = 9$ → $⑧ = 72$

よって， $\Box - 5 = 72$ → $\underline{\Box = 77（km/時）}$

2 の問題は 190 ページにあります。

2

長針は 普通の時計と同じ（1時間で
1周する）→ 6°/分

短針は 24時間で 1周（360°）する
→ 1時間で 360 ÷ 24 = 15°
→ 1分で 15 ÷ 60 = 0.25°

また、この時計の 目もり（数字）は
次のようになる。

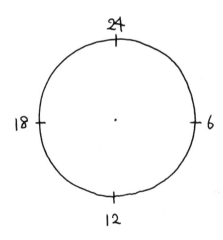

5時 (0分) の 両針の位置は、

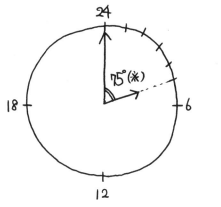

(※) 1目もりは

360 ÷ 24 = 15°

→ 5目もり なので

15 × 5 = 75°

よって、長針 が 短針 に 追いつくのは

75 ÷ (6 - 0.25) = 13 $\frac{1}{23}$ (分)

〈別解〉

長針は1時間で1周, 短針は1時間で$\frac{1}{24}$周する。

また, 長針が短針より1周多く進むごとに, 長針は

短針に追いつく（重なる）。

0時からスタートして,

1回目に重なるのは 1時 □ 分

2回目に重なるのは 2時 □ 分

　　　　　　　　　⋮

5回目に重なるのは 5時 ☆ 分　←これを求める

5回目に重なるまでに, 長針は短針より 5周多く

進むので, かかる時間は

$$5 \text{(周)} \div \left(1 - \frac{1}{24}\right) \text{周/時} = 5\frac{5}{23} \text{(時間)}$$

よって, ☆ $= \frac{5}{23} \times 60$

$$= 13\frac{1}{23} \text{(分)}$$

3 の問題は 190 ページにあります。

3

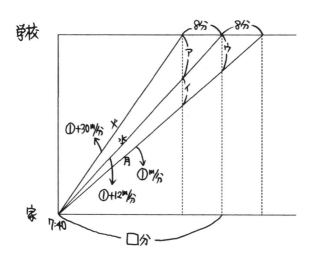

月曜日の速さ ＝ ①m/分 とすると，

火曜日の速さ ＝ ①+30 m/分

水曜日の速さ ＝ ①+30－18 ＝ ①+12 m/分

火曜日と水曜日の速さの差 = 18 ᵐ/分

水曜日と月曜日の速さの差 = 12 ᵐ/分

→ ア：イ = 18：12 = 3：2

ア = 3 m, イ = 2 m とすると,

相似より ウ：5 = 1：2

→ ウ = 2.5 m

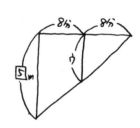

月曜日は8分で 2.5 m, 水曜日は8分で 3 m 進む
　　　　　　　ウ　　　　　　　　　　　ア

→ 速さの比は, 月曜日：水曜日 = 2.5：3 = 5：6

→ ①：①+12 = 5：6 → ① = 60 (ᵐ/分)
　月　　水　　　　　　　　　　　　　月

→ ①+30 = 90 (ᵐ/分), ①+12 = 72 (ᵐ/分)
　　　　　火　　　　　　　　　　　水

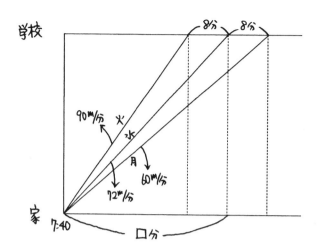

時間の比は, 月曜日：水曜日 = 6:5 ← 速さの逆比

→ □+8 : □ = 6:5 → □ = 40 (分)
　　　月　　水　　　　　　　　　　水

よって,

家から学校までのきょり = 72 (m/分) × 40 (分) = 2880 (m)

始業時刻 = 7:40 + 40分 = 8時20分

④の問題は 190 ページにあります。

1つ目の条件より

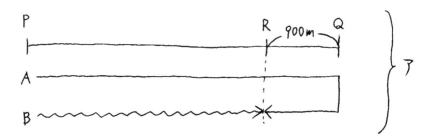

2つ目の条件より

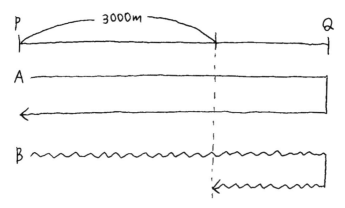

Aが 1往復したときの差が 3000m なので，

Aが 片道を進んだ（Qに着いた）ときの差は 1500m です。

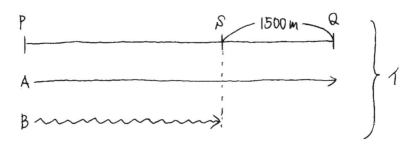

イ→アで，2人は次のように進みます。

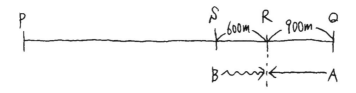

2人の速さの比は，A：B = 900：600 = 3：2

Aは 6km/時 なので，Bは $6 \times \frac{2}{3} = \underline{4km/時}$

⑤の問題は 191 ページにあります。

⑤

4時から5時の間で、短針と長針は次のように動きます。

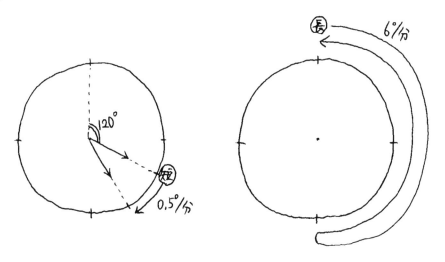

1回目に重なるとき、次のようになります。

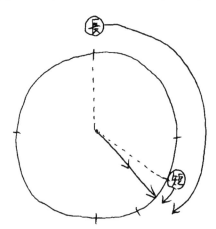

2回目に重なるとき，次のようになります。(☆)

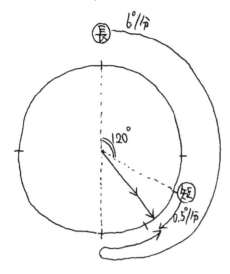

4時から ☆ までに 長針と短針 の動いた角度の和は

180 + (180 - 120) = 240°

→　240 ÷ (6 + 0.5) = 36 $\frac{12}{13}$

（1分間に動く
角度の和）

4時 36 $\frac{12}{13}$ 分

6 の問題は 191 ページにあります。

6

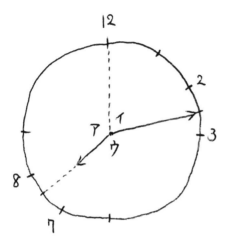

7時 E 分から 2時 オ 分の間に、

短針は ア+イ (度) 進みます。

長針は、7時 E 分から 8時の間に ウ+ア (度)、

8時から 2時の間に 360(度毎)×6(時間)＝2160(度)、

2時から 2時 オ 分の間に イ+ウ (度) 進みます。

7時 ウ 分から 2時 エ 分の間に、

短針と長針が進んだ角度の和は、

$$\underset{\text{短針}}{\underline{ア+イ}} + \underset{\text{長針}}{\underline{ウ+ア+2160+イ+ウ}}$$

$= 2160 + (ア+イ+ウ) \times 2$

$= 2160 + 360 \times 2$

$= 2880 \, (度)$

よって、外出していた時間は、

$2880 \, (度) ≒ (6+0.5) 度/分 = 443\frac{1}{13} \, (分)$

$\qquad\qquad\qquad\qquad = 7時間 \, 23\frac{1}{13}分$

7 の問題は 191 ページにあります。

7

B君の速さを ①m/分 とすると、

A君の速さは ①+144 m/分、

1周の長さは、(①+144)×8 = ⑧+1152 (m)

A君が出発したとき、B君は ①×4 = ④m 進んでいるので、

A君は 1度目にB君を追い越すまでに、B君より ④m

多く進むことになります。

A君は、1度目にB君を追い越してから 2度目に追い越す

までに、B君より ⑧+1152 m 多く進むことになります。
　　　　　　　　　1周

A君は、出発してから 2度目に B君を追い越すまでに、

19－4＝15分間で、 ④ ＋ ⑧＋1152 ＝ ⑫＋1152 (m)、

B君より 多く進むことになるので、

(⑫＋1152) m ÷ 144 (m/分) ＝ 15 (分)
$\underbrace{\qquad}_{速さの差}$

→ ⑫＋1152 ＝ 144×15 ＝ 2160

→ ① ＝ 84

よって、1周の長さは、$\underbrace{84×8}_{⑧}$ ＋ 1152 ＝ 1824 (m)

付録記事　難関校合格を目指す受験生・保護者の方へ

◉ 「原因を特定する」

　模試の成績が悪かった場合、間違えた問題の解き直しをする受験生は多いのですが、さらに踏み込んで原因を特定できている受験生や親御さんは少ないのではないでしょうか。解き直しをして解けた、解けなかったという表面的な結果だけでなく、全体の状況や傾向を分析することで、大雑把な原因が特定できます。

　解き直しをしても短時間で解ける問題が少ない場合は、純粋に理解不足の可能性が高く、模試の結果がそのまま現時点の理解力を反映していると考えられます。

　解き直しをして短時間で解ける問題が多い（つまり試験で本来なら解ける問題を多く落としている）場合は、技術不足、配分ミス、コンディション不良のいずれかが原因である可能性が高く、模試の結果が必ずしも現時点の理解力を反映しているとは限りません。

　技術不足は、もともと正確に処理する力が弱く、解法は正しいのに正解できていない状態です。配分ミスは、例えば2分かければ正確に処理できる問題を1分半で解いてミスをするというように、適切な時間配分（ペース配分）ができていない状態です。コンディション不良は、試験時に体力的または精神的な状態が悪く（集中力が欠けていたなど）、試験結果に影響したという場合です。

私の実感では、実力の高い受験生の親御さんほど、本当の原因は配分ミスやコンディション不良なのに理解不足（理解さえしていれば高得点がとれるはず→高得点でないのは理解していないから）と考えてしまい、実力の低い受験生の親御さんほど、原因は理解不足や技術不足なのにコンディション不良（今回は集中力がなかった→集中さえすれば解ける）と考えてしまう傾向があるように思います。

　いずれにしても原因を正確に特定できないと、改善策は効果の薄い的外れなものになります。解き直しによる原因分析は比較的簡単にできますので、試してみてはいかがでしょうか。

　※　この記事は、独自配信メールマガジン（2017年8月3日号）の内容を転載したものです。

◉ 「解法に幅を持たせる」

　算数の大半の問題には、その問題を最短距離で解ける解法があり、その解法を吸収していくことが、基本的には最も効率的な学習法ということになります。ただ最も効率的に見えるその学習法は、通常の模試では結果が出やすいのですが、難関校入試（過去問、学校別模試を含む）になると結果が出づらくなります。

　通常の模試では基本、標準、応用問題が比較的バランス良く出題されますが、難関校入試では応用問題が重点的に出題されます。最短距離の解法を吸収していく学習法は、基本、標準問題には対応しやすいのですが、応用問題には対応できないことが多く、それが上記のような結果につながります（最短距離の解法を覚えるパターン学習で対応できる問題は結果的に正答率の高い基本、標準問題になり、パターン学習で対応しきれない問題が結果的に正答率の低い応用問題になっている、という見方もできます）。

　難関校入試に強い（応用問題に強い）受験生は「理詰めで考える」「複数の視点を持つ」という能力に長けています。一方で、通常の模試には強いけれど難関校入試に弱い受験生は、理詰めで考える能力はあっても複数の視点を持つことは苦手で、一つの解法に固執する、言い換えれば「解法に幅がない」という傾向があります。

　解法に幅がある受験生は、応用問題を解いて行き詰まった場合でも、一歩引いて別の視点から再アプローチすることができます。逆に解法に

幅がない受験生は、行き詰まった場合に一歩引くことができず、そのまま同じアプローチを続けて、時間を消耗する結果になることが多いです。

　解法に幅を持たせるには、普段から最短距離の解法だけでなく、複数の解法に積極的に触れていくことが有効です。解法に幅を持たせるというのは「最短距離でない（一見）遠回りな解法を身につける」ことでもあり、短期間で結果を出すためには必ずしも効率的ではありませんが、将来的に応用問題を攻略するためには必要不可欠です。

　私は指導経験の浅い頃、無駄をそぎ落として最短距離の解法を徹底して教え込んでいた時期があります。その指導法は一見すると強力で即効性があり、通常の模試や中堅校入試での成功率は高かったのですが、難関校入試での成功率は低く、ほとんど実績を出すことができませんでした。その後、最短距離の解法にこだわらず、複数の解法を意識する（解法に幅を持たせる）指導法に変えたのですが、応用問題に強い生徒が多くなり、難関校入試での成功率も大幅に改善しました。

　私がこれまでに執筆した本でも、比、速さの２冊については敢えて遠回りな解法を多く盛り込んでいますが、これは過去の私の失敗を踏まえたものでもあります。難関校を目指す受験生は、即効性はなくても「解法に幅を持たせる」ということを意識してほしいと思います。

　※　この記事は、独自配信メールマガジン（2017年９月３日号）の内容を転載したものです。

オンライン家庭教師のご案内

　中学受験生を対象に、Zoom による算数の受験指導（オンライン家庭教師）を行っております。

　下記サイトに詳細を書いておりますので、指導を希望される方はご参照ください。

公式サイト「中学受験の戦略」
https://www.kumano-takaya.com/

【主な難関校の合格状況】

　開成：合格率 77%（22 名中 17 名合格、2010 〜 2023 年度）

　聖光学院：合格率 86%（21 名中 18 名合格、2010 〜 2023 年度）

　渋谷幕張：合格率 81%（26 名中 21 名合格、2010 〜 2023 年度）

　桜蔭＋豊島岡＋女子学院：合格率 82%（17 名中 14 名合格、2016 〜 2023 年度）

※合格率は「受講期間 7 ヶ月以上（平均 1 年 7 ヶ月）」等の条件を満たし、算数以外の科目について実力が一定以上の受講者を対象に算出しています。

【2016 〜 2023 年度の主な合格実績】

　開成 13 名、聖光学院 16 名、渋谷幕張 17 名、灘 5 名、筑波大駒場 4 名、桜蔭 5 名、豊島岡 8 名、女子学院 1 名、麻布 5 名、栄光学園 4 名、

駒場東邦１名、武蔵２名、渋谷渋谷４名、早稲田３名、慶應普通部１名、慶應中等部（１次）１名、慶應湘南藤沢（１次）１名、筑波大附１名、海城８名、西大和学園 18 名、海陽（特別給費生）６名、広尾学園（医進）３名、浅野３名、浦和明の星７名

※「受講期間７ヶ月以上（平均１年７ヶ月）」等の条件を満たす受講者を対象にしています。

【主な指導実績】

・サピックス模試１位、筑駒模試１位（４年 12 月、筑波大駒場、開成、聖光学院、渋谷幕張）

・サピックス模試１桁順位、筑駒模試１位（新５年２月、筑波大駒場、開成、渋谷幕張）

・サピックス模試１桁順位（４年９月、筑波大駒場、灘、開成、渋谷幕張、栄光学園）

・合不合模試・算数１位、算数偏差値 75（５年６月、筑波大駒場、麻布、聖光学院、渋谷幕張）

・サピックス模試・算数偏差値 76（新５年２月、聖光学院、渋谷幕張）

・サピックス模試・算数偏差値 75（５年４月、聖光学院、海陽・特別給費生）

・桜蔭模試・算数偏差値 75（新６年２月、桜蔭、豊島岡）

・サピックス模試１位、算数偏差値 79（新６年２月、筑波大駒場、灘、開成、海陽・特別給費生）

・サピックス模試１桁順位（６年６月、灘、開成、西大和学園）

・サピックス模試・算数偏差値 76（４年７月、渋谷幕張、海陽・特別給費生）

・サピックス模試・算数偏差値 78（新４年２月、開成、聖光学院、渋谷幕張、西大和学園）

・開成模試3位（4年5月、開成、聖光学院、渋谷幕張、西大和学園）

・サピックス模試1桁順位（5年5月、麻布、渋谷幕張、西大和学園）

・桜蔭模試・算数偏差値80、総合1位（5年6月、桜蔭、豊島岡、渋谷幕張、西大和学園）

・開成模試・13回連続で合格判定（5年4月、開成、聖光学院、渋谷幕張、西大和学園）

・灘模試・偏差値70（5年7月、灘、開成、栄光学園、海陽・特別給費生、西大和学園）

・サピックス模試・算数偏差値78（新6年2月、灘、渋谷幕張、西大和学園）

・開成模試・算数1位（4年1月、聖光学院、渋谷渋谷・特待合格、西大和学園）

・栄光学園模試・算数偏差値74、武蔵模試・算数偏差値74（5年8月、栄光学園、武蔵）

・開成模試・算数偏差値71（新6年3月、開成、渋谷幕張）

・麻布模試・算数1位（5年7月、筑波大駒場、麻布、聖光学院、渋谷幕張、海陽・特別給費生、西大和学園）

・開成模試1位（4年11月、灘、開成、聖光学院、渋谷幕張）

・桜蔭模試・算数偏差値70（新5年2月、桜蔭、渋谷幕張）

・開成模試・算数1位（新5年2月、開成、渋谷幕張、西大和学園）

※かっこ内は、開始時期と主な合格校です。

※自宅受験は含めず、会場受験のみの結果を対象としています。

メールマガジンのご案内

不定期でメールマガジンを発行しております。
配信を希望される方は、下記サイトからご登録ください。

公式サイト 「中学受験の戦略」
https://www.kumano-takaya.com/

【過去のテーマ（抜粋）】

・「復習主義」で成果が出ない場合の対処法

・問題集は「仕分ける」ことで効率的に進められる

・模試は「自宅受験」ではなく「会場受験」を選択する

・「思考力勝負」の受験生は、過小評価されていることが多い

・思考系対策は６年生の秋以降に効いてくる

・「一時的に評価の下がっている学校」は狙い目になる

・過去問演習の高得点を過信しない

・練習校受験は本命校合格への「投資」になる

・難関校合格者の多くは「目先の結果」を犠牲にしている

・難関校受験生が「本格的な応用問題」を開始する時期

・難関校受験生が早めに受けておきたい模試

■著者紹介■

熊野　孝哉（くまの・たかや）

中学受験算数専門のプロ家庭教師。甲陽学院中学・高校、東京大学卒。開成中合格率77％（22名中17名合格、2010～2023年度）、聖光学院中合格率86％（21名中18名合格、2010～2023年度）、渋谷幕張中合格率81％（26名中21名合格、2010～2023年度）、女子最難関中（桜蔭、豊島岡、女子学院）合格率82％（17名中14名合格、2016～2023年度）など、特に難関校受験で高い成功率を残している。

公式サイト「中学受験の戦略」
https://www.kumano-takaya.com/

主な著書に
『算数の戦略的学習法・難関中学編』
『算数の戦略的学習法』
『場合の数・入試で差がつく51題』
『速さと比・入試で差がつく45題』
『図形・入試で差がつく50題』
『文章題・入試で差がつく56題』
『比を使って文章題を速く簡単に解く方法』
『詳しいメモで理解する文章題・基礎固めの75題』
『算数ハイレベル問題集』（エール出版社）がある。

また、『プレジデントファミリー』（プレジデント社）において、
「中学受験の定番13教材の賢い使い方」（2008年11月号）
「短期間で算数をグンと伸ばす方法」（2013年10月号）
「家庭で攻略可能！二大トップ校が求める力」（2010年5月号、灘中算数を担当）など、中学受験算数に関する記事を多数執筆。

中学受験を成功させる
熊野孝哉の「速さと比」
入試で差がつく45題＋7題　改訂4版

2011年 9 月 1 日	初版第1刷発行
2013年 10 月 1 日	改訂2版第1刷発行
2017年 11 月 20 日	改訂3版第1刷発行
2020年 2 月 20 日	改訂4版第1刷発行
2021年 11 月 12 日	改訂4版第2刷発行
2023年 9 月 30 日	改訂4版第3刷発行

著　者　熊　野　孝　哉
編集人　清　水　智　則　　発行所　エール出版社
〒101-0052　東京都千代田区神田小川町2-12　信愛ビル4F
電話　03(3291)0306　　FAX　03(3291)0310
メール　info@yell-books.com

ISBN978-4-7539-3473-7